AF596846

Fascicule XVIII

MÉMORIAL DES SCIENCES MATHÉMATIQUES

PUBLIÉ SOUS LE PATRONAGE DE

L'ACADÉMIE DES SCIENCES DE PARIS,

DES ACADÉMIES DE BELGRADE, BRUXELLES, BUCAREST, COÏMBRE, CRACOVIE, KIEW, MADRID, PRAGUE, ROME, STOCKHOLM (FONDATION MITTAG-LEFFLER), ETC. DE LA SOCIÉTÉ MATHÉMATIQUE DE FRANCE, AVEC LA COLLABORATION DE NOMBREUX SAVANTS.

DIRECTEUR

Henri VILLAT

Correspondant de l'Académie des Sciences de Paris
Professeur à l'Université de Strasbourg

FASCICULE XVIII

Les Réseaux (ou graphes)

PAR M. A. SAINTE-LAGUË

Professeur au Lycée ~~Carnot~~ Jeanson de Sailly

PARIS

GAUTHIER-VILLARS ET Cie, ÉDITEURS

LIBRAIRES DU BUREAU DES LONGITUDES, DE L'ÉCOLE POLYTECHNIQUE,
Quai des Grands-Augustins, 55.

1926

GAUTHIER-VILLARS & Cie
Imprimeurs-Éditeurs
55, Quai des Grands-Augustins, PARIS (6e)
Tél. : FLEURUS 50-14 et 50-15 R. C. Seine 22520

Envoi dans toute l'Union postale contre mandat-poste ou valeur sur Paris.
Frais de port en sus. (Chèques postaux : Paris 29 323.)

MÉMORIAL DES SCIENCES MATHÉMATIQUES

Directeur : HENRI VILLAT

Correspondant de l'Académie des Sciences,
Professeur à l'Université de Strasbourg,
Directeur du *Journal de Mathématiques pures et appliquées.*

Nouvelle collection fondée sous le haut patronage de :

L'Académie des Sciences de Paris,
L'Académie Royale de Serbie (Belgrade),
L'Académie Royale des Sciences de Belgique (Bruxelles),
L'Académie des Sciences de Bucarest,
L'Académie des Sciences de Coïmbra,
L'Académie Polonaise des Sciences et des Lettres (Cracovie),
L'Académie des Sciences de l'Ukraine (Kiew),
La Real Academia de Ciencias Exactas, Fisicas y Naturales (Madrid),
L'Académie Tchèque des Sciences (Prague),
La Reale Accademia dei Lincei (Rome),
L'Institut Mathématique de l'Académie des Sciences de Suède
(Stockholm, fondation Mittag-Leffler),
La Société Mathématique de France, etc.,
avec la collaboration de nombreux savants.

But de la Collection.

Le but de cette Collection est de constituer un ensemble de petits volumes sur tous les sujets intéressant les Mathématiques. Chacun de ces volumes donne l'exposé et la mise au point d'une question précise et bien délimitée. Sur une telle question, on trouve la suite ordonnée de tous les faits fondamentaux, tous les résultats acquis, et un tableau des principaux progrès qui paraissent actuellement désirables, ou en cours de réalisation. Ne sont données (sauf exceptions) que les grandes lignes des démonstrations; toutes les démonstrations successives, par exemple, d'un même résultat ne sont pas citées, si deux ou trois seulement d'entre elles ont une réelle importance. C'est dire que la documentation de chaque fascicule est critique et non pas encyclopédique, en ce sens que parmi les travaux cités, ceux qui contiennent les idées vraiment neuves et fécondes sont, comme il convient, spécialement mis en évidence. Une solide bibliographie, d'une consultation aisée, est placée à la fin des volumes.

Les fascicules du MÉMORIAL comblent une lacune dans l'enseignement en abordant des sujets importants restés en dehors des programmes d'examens, ou à peine abordés dans les grands Traités; ils permettent, d'autre part, à tous les chercheurs de s'assimiler aisément, au moyen d'un guide sûr, l'essence d'une théorie qui ne rentrerait pas dans le cadre de leurs études habituelles.

Volumes in-8° raisin (25 × 16) se vendant séparément :

Majoration 20 °/. en sus.

Fascicules parus :

I. *Paul Appell.* — Sur une forme générale des équations de la dynamique, 50 pages; 1925 .... 12 fr.
II. *G. Valiron.* — Fonctions entières et fonctions méromorphes, 59 pages; 1925 .... 12 fr.
III. *Paul Appell.* — Séries hypergéométriques de plusieurs variables, polynomes d'Hermite et autres fonctions sphériques de l'hyperespace. 75 pages; 1925 .... 12 fr.
IV. *M. d'Ocagne.* — Esquisse d'ensemble de la Nomographie, 68 p.; 1925 12 fr.
V. *P. Levy.* — Analyse fonctionnelle. In-8 de 56 pages; 1925 .... 12 fr.
VI. *E. Goursat.* — Le problème de Bäcklund, 53 pages; 1925 .... 12 fr.
VII. *A. Buhl.* — Séries analytiques. Sommabilité, 55 pages; 1925 .... 12 fr.
VIII. *Th. de Donder.* — Introduction à la gravifique einsteinienne, 53 pages; 1926 .... 12 fr.
IX. *E. Cartan.* — La Géométrie des espaces de Riemann, 56 p.; 1926 12 fr.
X. *P. Humbert.* — Fonctions de Lamé et fonctions de Mathieu, 58 p.; 1926. 12 fr.
XI. *G. Bouligand.* — Fonctions harmoniques. Principes de Picard et de Dirichlet, 56 pages; 1926 .... 12 fr.
XII. *R. Gosse.* — La méthode de Darboux pour les équations $s = f(x, y, z, p, q)$. 53 pages; 1926 .... 12 fr.
XIII. *A. Véronnet.* — Figures d'équilibre et Cosmogonie, 58 pages... 12 fr.
XIV. *Th. de Donder.* — Théorie des champs gravifiques, 60 p.; 1926. 12 fr.
XV. *S. Zaremba.* — La logique des Mathématiques, 52 pages; 1926.. 12 fr.
XVI *A. Buhl.* — Formules stokiennes, 60 pages; 1926 .... 12 fr.
XVII. *G. Valiron.* — Théorie générale des séries de Dirichlet, 56 p.; 1926 12 fr.

Fascicules sous presse :

P. Appell. — Le problème géométrique des déblais et remblais.
A. Bloch. — Les fonctions holomorphes ou méromorphes dans le cercle unité.
L. Godeaux. — Les transformations birationnelles du plan.
M. Janet. — Les systèmes d'équations aux dérivées partielles.
R. Lagrange. — Calcul différentiel absolu.
G. Remoundos. — Extension aux fonctions algébroïdes du théorème de Picard et de ses généralisations.
S. Sainte-Laguë. — Les réseaux (ou graphes).

Fascicules en préparation :

H. Andoyer. — L'interpolation.
L. Antoine. — Le théorème de Jordan (*Analysis Situs*).
H. Béghin. — Gyroscopes.
S. Bernstein. — Les polynomes d'approximation.
G. Bouligand. — Géométrie intégrale.
G. Bouligand. — Calcul des variations envisagé dans ses applications aux problèmes de Dirichlet et de Plateau.
E. Cahen. — Le théorème de Fermat.
E. Cartan. — Sur les espaces à connexion conforme, projective, etc.; espaces de Weyl, etc.
G. Cerf. — Transformations de contact.
G. Cerf. — Solutions singulières des équations aux dérivées partielles.
A. Chatelet. — Fractions continues et approximation des irrationnelles.
E. Cotton. — Approximations successives et équations différentielles.
E. Cotton. — Les équilibres instables.
G. Darmois. — Sur les équations d'Einstein.
E. Delassus. — Les liaisons unilatérales finies.
E. Delassus. — La réalisation des liaisons et la notion générale de mouvement

R. Beltheil. — La métrique cayleyenne.
A. Demoulin. — La méthode du pentasphère mobile et ses applications.
A. Demoulin. — La théorie des équations de Moutard et ses applications à la Géométrie.
A. Denjoy. — Les nombres dérivés des fonctions de variables réelles.
A. Denjoy. — Les ensembles parfaits et leurs applications à la théorie des fonctions.
A. Denjoy. — L'intégration des nombres dérivés non sommables.
Th. de Donder. — Théorie mathématique des quanta.
Th. de Donder. — Les invariants intégraux, en vue des applications physiques modernes.
H. Dulac. — Points singuliers des équations différentielles du premier ordre.
H. Dulac. — Courbes définies par une équation différentielle du premier ordre.
H. Galbrun. — Technique des opérations d'assurances sur la vie.
B. Gambier. — Surfaces applicables.
R. Garnier. — Équations différentielles en général (points singuliers réguliers ou irréguliers, etc.).
R. Garnier. — Les équations différentielles non linéaires.
R. Garnier. — Les fonctions de M. P. Painlevé.
E. Gau. — La méthode de Darboux et les systèmes d'équations aux dérivées partielles en involution.
M. Gevrey. — L'équation de la chaleur et ses généralisations.
M. Gevrey. — Les équations générales du type parabolique.
M. Gevrey. — Formation et emploi des fonctions de Green.
R. Gosse. — Les équations de Monge-Ampère.
Th. Got. — Propriétés générales des groupes discontinus de transformations.
E. Goursat. — Sur les caractéristiques des équations aux dérivées partielles du second ordre.
J. Haag. — Le problème de Schwartzschild.
E. R. Hedrick. — Sur les fonctions non analytiques.
P. Humbert. — Les polynomes de M. P. Appell.
E. Husson. — Étude des mouvements et des trajectoires en mécanique.
R. Jacques. — Les courbes de l'espace à n dimensions.
J. Kampé de Fériet. — La fonction hypergéométrique d'une variable.
J. Kampé de Fériet.— Dégénérescences et généralisations de la fonction de Gauss.
J. Kampé de Fériet. — Les dérivées généralisées.
E. Kogbetliantz. — Les méthodes de sommation des séries et des intégrales divergentes.
N. Kryloff. — Les méthodes d'intégration des équations différentielles, basées sur le principe de minimum (méthode de Ritz, etc.).
L. Léau. — Les séries de fonctions en général.
L. Lecornu. — Théorie mathématique de l'Elasticité.
J. Le Roux. — L'équation de propagation du son.
G. Mittag-Leffler. — L'étoile de Mittag-Leffler et ses applications.
P. Montel. — La représentation conforme.
Tr. Nagell. — Les équations indéterminées de degré supérieur.
N. E. Nörlund. — Les fractions continues algébriques.
J. Pérès. — Équations intégrales.
E. Picard. — Sur quelques équations de la Physique mathématique.
E. Picard. — Sur les surfaces algébriques.
G. Remoundos. — Sur les familles et les séries de fonctions algébroïdes.
G. Rémoundos. — Sur les couples de fonctions analytiques qui correspondent aux points d'une courbe algébrique.
Ch. Riquier. — La méthode des fonctions majorantes et les systèmes d'équations aux dérivées partielles.
A. Sainte-Laguë. — Géométrie de situation et jeux.
N. Saltykow. — Sur les méthodes classiques d'intégration des équations aux dérivées partielles du premier ordre à une fonction inconnue.
N. Saltykow. — Sur les méthodes modernes d'intégration des équations aux dérivées partielles du premier ordre à une fonction inconnue.
J. de Séguier. — Théorie des groupes abstraits.
J. de Séguier. — Groupes galoisiens. Groupes linéaires algébriques finis.
J. de Séguier. — Théorie des caractères et de la représentation linéaire.
C. Störmer. — Théorie mathématique de l'aurore boréale.

JOURNAL

DE

MATHÉMATIQUES

PURES ET APPLIQUÉES

FONDÉ EN 1836 ET PUBLIÉ JUSQU'EN 1874

PAR JOSEPH LIOUVILLE

PUBLIÉ DE 1875 A 1884 PAR H. RESAL

ET DE 1885 A 1921 PAR CAMILLE JORDAN

NEUVIÈME SÉRIE

PUBLIÉE

Par HENRI VILLAT

AVEC LA COLLABORATION DE

R. DE MONTESSUS DE BALLORE, E. PICARD

ABONNEMENT ANNUEL

Paris	85 fr.
Départements	90 »
Pays ayant adhéré à l'accord de Stockholm	100 »
Pays n'ayant pas adhéré	110 »

C. E. Traynard. — Fonctions abéliennes.
G. Tzitzeica. — Sur la géométrie différentielle des courbes dans un espace quelconque.
G. Tzitzeica. — Sur la géométrie différentielle des surfaces réglées, et des réseaux.
G. Valiron. — Equations différentielles linéaires.
G. Valiron. — Sur les familles normales.
H. Vergne. — Ondes liquides de gravité.
H. Villat. — Sur le mouvement d'un solide dans un fluide visqueux.
V. Volterra. — Les équations intégro-différentielles.
St. Zaremba. — Sur l'équation de Laplace.
St. Zaremba. — Sur l'existence des solutions des équations du type elliptique.
L. Zoretti. — Les principes de la mécanique classique.

EXTRAITS DE LA PRESSE SCIENTIFIQUE

En présentant à l'Académie le fascicule III du *Mémorial des Sciences Mathématiques*, intitulé **Sur les Fonctions hypergéométriques de plusieurs variables, les Polynomes d'Hermite et autres fonctions sphériques dans l'hyperespace**, dont il est l'auteur, M. Appell s'exprime comme il suit :

« Les théories classiques de la série hypergéométrique de Gauss et des polynômes de Legendre peuvent être étendues à des fonctions de plusieurs variables. Déjà Hermite, se plaçant dans le domaine algébrique, a, en 1865, étendu la théorie des polynômes de Legendre à des fonctions de deux variables; en 1880, j'ai pu de même généraliser le point de vue de Gauss pour les fonctions hypergéométriques. Les recherches ultérieures de MM. E. Picard et E. Goursat, dans la voie ouverte par Riemann et Fuchs, ont donné les mêmes résultats. Enfin, en 1913, j'ai réussi à montrer comment les polynômes d'Hermite se rattachent aux fonctions sphériques dans l'hyperespace. Des travaux récents de J. Kampé de Fériet et de P. Humbert ont généralisé et perfectionné la théorie.

« On sait que le *Mémorial* paraît sous le patronage de l'Académie, que le Directeur de la publication, M. Villat, est professeur à l'Université de Strasbourg, et que l'imprimeur-éditeur est la Maison Gauthier-Villars. Je suis heureux, à cette occasion, de remercier la Maison Gauthier-Villars pour le grand et heureux effort qu'elle s'est imposé de réaliser la nouvelle Collection, en rendant ainsi à la Science et à la France un grand service. »

(Extrait des *Comptes rendus des séances de l'Académie des Sciences*, mai 1925.)

***

En offrant à l'Académie une brochure dont il est l'auteur, intitulée **Esquisse d'ensemble de la nomographie**, et qui forme le fascicule IV du *Mémorial des Sciences mathématiques*, M. d'Ocagne s'exprime ainsi :

« Dans l'ordre des arts plastiques, l'esquisse, c'est-à-dire la synthèse sommaire des traits essentiels de l'œuvre conçue par l'artiste, précède nécessairement l'exécution définitive. Dans l'ordre des sciences mathématiques, c'est en réalité tout le contraire. Ce n'est, en effet, que lorsqu'une théorie nouvelle — œuvre d'art, elle aussi, à certain égard — a atteint un suffisant état d'achèvement que l'on peut songer à en ramasser les traits essentiels en un exposé succinct, auquel convient d'ailleurs parfaitement le terme d'esquisse. C'est, en ce qui concerne la nomographie, une telle esquisse qui se trouve réalisée dans ce fascicule IV du *Mémorial*, que, sous la direction éclairée de M. Villat, la Maison Gauthier-Villars vient, par la plus heureuse initiative, d'instituer en vue de grouper en une collection unique toute une série de tableaux synthétiques fixant dans leurs grandes lignes les principales acquisitions dont s'est accru, dans la période contemporaine, le domaine des sciences mathématiques. »

(Extrait des *Comptes rendus des séances de l'Académie des Sciences* (juin 1925), lors de la présentation du fascicule IV du *Mémorial*.)

*
* *

Mémorial des Sciences Mathématiques (voir M, 1925-64). — Fascicule II : **Fonctions entières et fonctions méromorphes d'une variable,** par G. Valiron, professeur à la Faculté des Sciences de Strasbourg. In-8 raisin. 58 pages. Prix : 10 fr.

Fascicule III : **Sur les Fonctions hypergéométriques de plusieurs variables, les Polynomes d'Hermite et autres fonctions sphériques dans l'hyperespace,** par Paul Appell, membre de l'Institut, recteur de l'Université de Paris. In-8 raisin, 74 pages. Prix : 10 fr. (Paris, 1925, Gauthier-Villars et Cie.)

Ces livres tiennent les promesses que faisait le savant professeur de l'Université de Strasbourg, M. H. Villat, en annonçant la publication du *Mémorial*. Écrits par des maîtres éminents de l'École mathématique française dont les travaux personnels occupent une large place dans la bibliographie des sujets traités, « on y trouve la suite ordonnée de tous les faits fondamentaux, tous les résultats acquis, et un tableau des principaux progrès qui paraissent actuellement désirables ou en cours de réalisation ».

(*Mathesis*, juin 1925.)

*
* *

« La Collection *Mémorial des Sciences mathématiques*, dont les premiers fascicules viennent de paraître, est publiée sous le patronage de l'Académie des Sciences de Paris et de nombreuses autres Académies européennes (dont notre Académie de Madrid), et sous la direction immédiate de M. le Professeur Henri Villat, de l'Université de Strasbourg.

» Son but est de grouper en une série de petits volumes un exposé succinct des questions intéressant les mathématiciens.

» La liste des fascicules parus et à paraître permet de prévoir le succès de cette Collection. »

(*Revista Hispano-Americana*, juin 1925.)

*
* *

En présentant sa brochure à l'Académie des Sciences, M. Goursat s'exprime en ces termes : « J'ai l'honneur de présenter à l'Académie une brochure, dont je suis l'auteur, sur " Le Problème de Backlund ". Cette brochure forme le fascicule VI du *Mémorial des Sciences Mathématiques*, que publie, sous la direction de M. Villat, la maison Gauthier-Villars, avec une rapidité appréciée de tous les mathématiciens.

« Le problème dont il s'agit n'a été posé d'une façon générale qu'à une date assez récente, en 1880, mais il se rattache à beaucoup de questions déjà étudiées, et il a donné lieu, depuis qu'il a été formulé, à un grand nombre de travaux. Parmi les auteurs cités, je dois une mention toute particulière à un mathématicien français, Jean Clairin, professeur à la Faculté des Sciences de Lille, tué au début de la guerre. Clairin avait consacré la plus grande partie de son activité scientifique à l'étude de ce problème. On lui doit la classification des transformations de Backlund, et plusieurs résultats importants. Je me suis proposé de rattacher tous ces résultats, et d'autres aussi, à une théorie générale. On y parvient, de la façon la plus simple, en faisant intervenir un système de deux équations de Pfaff, dont l'intégration constitue un problème équivalent au problème de Backlund. »

(*Extrait des C. R. A. S.*, 19 octobre 1925.)

78847-26 Paris. — Imp. Gauthier-Villars et Cie, 55, quai des Grands-Augustins.

MÉMORIAL

DES

SCIENCES MATHÉMATIQUES

77163-26 PARIS. — IMPRIMERIE GAUTHIER-VILLARS ET Cie,
Quai des Grands-Augustins, 55.

MÉMORIAL
DES
SCIENCES MATHÉMATIQUES

PUBLIÉ SOUS LE PATRONAGE DE

L'ACADÉMIE DES SCIENCES DE PARIS

DES ACADÉMIES DE BELGRADE, BRUXELLES, BUCAREST, COÏMBRE, CRACOVIE, KIEW, MADRID, PRAGUE, ROME, STOCKHOLM (FONDATION MITTAG-LEFFLER), ETC., DE LA SOCIÉTÉ MATHÉMATIQUE DE FRANCE, AVEC LA COLLABORATION DE NOMBREUX SAVANTS.

DIRECTEUR :

Henri VILLAT

Correspondant de l'Académie des Sciences de Paris,
Professeur à l'Université de Strasbourg.

FASCICULE XVIII

Les Réseaux (ou graphes)

PAR M. A. SAINTE-LAGUË

Professeur au Lycée Carnot.

PARIS

GAUTHIER-VILLARS ET Cie, ÉDITEURS

LIBRAIRES DU BUREAU DES LONGITUDES, DE L'ÉCOLE POLYTECHNIQUE

Quai des Grands-Augustins, 55.

1926

AVERTISSEMENT

La Bibliographie est placée à la fin du fascicule, immédiatement avant la Table des Matières.

Les numéros en caractères gras figurant entre crochets dans le courant du texte renvoient à cette Bibliographie.

LES RÉSEAUX

(OU GRAPHES)

Par M. A. SAINTE-LAGUË.

I. — Introduction et définition.

1. **Généralités** (¹). — Les problèmes de Géométrie de situation peuvent être envisagés sous deux aspects différents. Ou bien, et c'est ce que l'on fait plus particulièrement en *Analysis situs* [13, 20, 117, 118, 119, 120], on s'attache à l'étude des déformations continues qui permettent de passer d'une courbe ou d'une surface à une courbe ou à une surface différente, ou bien on bannit toute idée de mesure et l'on ne se préoccupe que des dispositions relatives que peuvent présenter les uns par rapport aux autres des éléments donnés. Dans ce second cas, qui sera le seul traité ici, on est amené à se poser des questions de deux types distincts : *a*. Est-il possible de juxtaposer des éléments donnés de façon à obtenir une disposition fixée à l'avance ? *b*. Si une telle juxtaposition est possible, de combien de façons l'est-elle ?

Le premier genre de questions constitue par excellence la *Géométrie de situation*, débarrassée, comme nous l'avons dit, de toute considération métrique. Le deuxième contient en plus des recherches de Géométrie énumérative et utilise les propriétés des entiers, des suites numériques, de l'Analyse combinatoire.... Les réponses apportées ne sont bien souvent qu'empiriques : malgré les recherches déjà très importantes faites en Géométrie de situation, cette science ne forme pas encore un corps de doctrine très cohérent et les matériaux qui la composent sont un peu disparates. Ce n'est que depuis peu

(¹) Les renvois entre parenthèses ( ) correspondent aux paragraphes du texte, ceux qui sont entre crochets [ ] aux numéros de la bibliographie. Ces derniers renvois ne concernent d'ailleurs que les travaux les plus importants parmi ceux dont on trouvera la liste à la fin du présent ouvrage.

que des travaux systématiques groupés surtout autour du « problème des quatre couleurs » [1] ont été entrepris. Il semble que si des efforts un peu plus grands étaient faits, les résultats seraient très vite infiniment supérieurs à ce qu'ils sont.

2. Cette abstention relative des savants est des plus regrettables. C'est qu'en effet les applications sont déjà des plus intéressantes et le deviendront sans doute de plus en plus. Il ne faudrait pas croire que la Géométrie de situation ne s'applique qu'à des curiosités mathématiques comme le « problème des ponts de Koenigsberg » [25] ou le théorème des quatre couleurs [1], théorème qui, soit dit en passant, paraît aussi mystérieux que certaines propriétés des nombres premiers. La Géométrie de situation ne sert pas seulement dans l'étude d'un grand nombre de *jeux*, mais elle est aussi la base de nombreux travaux scientifiques. Qu'il s'agisse d'*invariants* [34], de *déterminants* [35], du *résultant* de deux équations [28], des *formes analytiques* [17], qu'il s'agisse d'*arithmétique* [14, 15], de *groupes de substitutions* [38], de *permutations* [37], ou même qu'il s'agisse de *statique graphique* [19] des considérations de Géométrie de situation interviennent.

Mais il semble bien que les principales applications de cette branche de la science mathématique se trouveront en *Chimie physique* et en *Chimie*. Il suffit pour s'en rendre compte de feuilleter des études modernes sur la composition de la matière ou la structure des cristaux [33]. Toute une partie de la Chimie organique [17, 18, 21, 25, 27, 38] semble tributaire de la théorie des réseaux et déjà l'étude des paraffines [17] a suscité des travaux intéressants.

3. La Géométrie de situation, telle que nous l'envisageons, touche de près à la logique formelle et n'utilise guère que des notions premières très simples. Son point de départ réside tout entier dans la notion fondamentale d'*éléments associés* ou *non associés*. C'est ainsi que, dans le déplacement d'une pièce sur un échiquier (67), deux cases telles que l'on puisse passer de l'une à l'autre par un seul déplacement seront deux cases associées.

[1] Nous reviendrons sur cette question dans le fascicule en préparation *Géométrie de Situation et Jeux* du *Mémorial des Sciences Mathématiques*.

Cette idée d'association ou de non-association d'éléments distincts se retrouve dans un grand nombre de travaux, mais en général sous forme latente. Cependant de Polignac [22] a considéré n éléments qui présentent deux à deux une *variation* ou une *permanence*.

La façon la plus simple et souvent la plus commode d'étudier les propriétés d'une liste d'éléments A, B, ... deux à deux associés ou non associés est de les représenter par des points A, B, ... : deux points associés seront par convention joints par un trait, des points non associés ne l'étant pas. On trouve déjà de telles représentations dans Cayley [16].

On est ainsi conduit à la schématisation des *réseaux* à laquelle nous ramènerons systématiquement toutes les questions connexes.

4. **Définitions.** — Un *réseau* ou *graphe* est, d'après Sainte-Laguë [36], qui a repris une notion donnée déjà par Lucas [32], un ensemble de points, carrefours ou *sommets* joints par des traits ou côtés qui sont les *arêtes* ou *chemins* du réseau. La forme des chemins n'a aucun intérêt et il importe seulement de savoir si deux sommets A, B, sont ou non joints par un ou plusieurs chemins.

Deux réseaux sont *homéomorphes* si l'on peut établir entre les sommets des deux réseaux d'une part et leurs chemins d'autre part une correspondance réciproque et univoque. Ils sont pratiquement considérés comme identiques.

Un chemin AB est toujours limité aux deux sommets A, B qui sont ses extrémités et ne peut contenir aucun autre sommet sur son parcours. Dans certains cas où l'on sépare en deux un réseau, on peut avoir à considérer un *demi-chemin* qui n'a plus alors qu'une extrémité. Un chemin AB est dit *double*, *triple*, ... s'il y a 2, 3, ... chemins joignant les mêmes extrémités A, B.

Une *impasse* est un chemin qui relie A à B, A n'étant relié à aucun autre sommet que B. S'il y a 2, 3, ... chemins AB, l'impasse est *double*, *triple*, ... A est un *sommet d'impasse*. Une *boucle* est un chemin dont les deux extrémités sont confondues en A. S'il y a 2, 3, ... chemins analogues, la boucle est *double*, *triple*, ... A est un *sommet à boucle*. A est un *sommet isolé* s'il n'en part aucun chemin, sauf peut-être des boucles ; c'est un *sommet de passage* s'il n'y aboutit que deux chemins. Un sommet est de *degré* p s'il en part p chemins, un chemin multiple étant compté pour son ordre de multiplicité et chaque boucle pour deux chemins. Un sommet est *pair* ou *impair* suivant la parité de p.

Un réseau est *symétrique* s'il est homéomorphe à un réseau dans lequel deux à deux les sommets et les chemins sont symétriques par rapport à un centre, un axe ou un plan de symétrie. On appelle *sommets symétriques* du premier réseau deux sommets homéomorphes à deux sommets symétriques du second. A et B sont *indiscernables* si le réseau qui les contient est homéomorphe à lui-même, A correspondant à B et B à A. Deux sommets symétriques sont indiscernables.

5. Une *chaîne* est un ensemble de n chemins AB, BC, ..., KL dans lequel un même chemin n'entre jamais deux fois. Un sommet de la chaîne est *sommet de croisement* s'il apparaît à diverses reprises dans cette chaîne. Il y est alors un nombre pair de fois, sauf les *extrémités* A et L. Si A et L sont confondus, la chaîne est un *circuit*. Une chaîne est *paire* ou *impaire* suivant la parité de n.

On peut fixer sur une chaîne un *sens* de parcours. On a alors une chaîne et des chemins *orientés*. Un circuit orienté est un *cycle*. Un chemin ne pouvant être parcouru que dans un seul sens est dit *unicursal*; s'il peut être parcouru dans les deux sens, il est dit *bicursal* [34, 99], (44).

Une chaîne ou un circuit sans sommets de croisement sont dits *circulaires*; ils sont *complets* s'ils utilisent tous les sommets du réseau (24). Un réseau est *aligné* s'il admet une chaîne complète et *cerclé* s'il admet un circuit complet (57). Un *entrelacement* est un réseau tel qu'il existe une chaîne ou un circuit comprenant tous les chemins (16). Il est *ouvert* dans le premier cas, *fermé* dans le second.

Un réseau est *simple* ou *connexe* s'il y a toujours une chaîne allant de A à B, sommets arbitrairement choisis. Il est *double*, *triple*, ... s'il est formé de 2, 3, ... réseaux simples, n'ayant deux à deux ni sommets ni chemins communs. Un réseau est *contenu* dans un autre si tous ses sommets et tous ses chemins font partie de cet autre qui est le réseau *contenant*.

6. Une *articulation* est un sommet A d'un réseau tel qu'on puisse répartir les autres sommets en deux catégories P et Q, toute

chaîne allant d'un sommet de P à un de Q passant forcément par A (20). Un *membre* d'un réseau est un réseau contenu qui n'a aucune articulation et ne possède en commun qu'un sommet avec le reste du réseau contenant. Le nombre des membres ne peut être égal à 1.

Un *isthme* est un chemin, autre qu'une impasse, tel qu'on puisse répartir les autres sommets en deux catégories P et Q, toute chaîne allant d'un sommet de P à un de Q contenant forcément l'isthme; si l'un des deux réseaux obtenus ne contient aucun isthme, c'est une *feuille* du réseau primitif [34]. Le nombre des feuilles ne peut être égal à 1.

Un *arbre* est un réseau simple tel qu'il n'y ait jamais qu'une chaîne possible pour aller d'un sommet à un autre (9, 49). Il n'a ni boucle, ni chemin multiple, ni sommet de passage. C'est une *étoile* s'il ne comprend aucun isthme ; tous ses chemins sont alors des impasses.

7. Un réseau est *fini* si le nombre de ses sommets et celui de ses chemins sont finis. Sinon il est *infini*. L'*ordre* d'un réseau fini est le nombre de ses sommets. Un réseau est *normal* s'il est fini, simple et ne présente aucune *singularité* : chemin multiple, impasse, boucle, sommet de passage, articulation, isthme. Il est *complet* s'il contient tous les chemins joignant deux à deux ses sommets (7).

Un réseau normal est *polygonal* si, étant d'ordre n, il est homéomorphe à un réseau plan qui peut coïncider avec lui-même par une rotation de $\frac{2\pi}{n}$ (28). Deux sommets quelconques sont indiscernables. Un réseau normal est *semi-polygonal* si deux sommets quelconques sont indiscernables. C'est le cas pour le réseau non polygonal formé par les arêtes et les sommets d'un cube.

Un réseau *régulier* et de *degré* p est un réseau dont tous les sommets sont de degré p. Il est *cubique* si $p = 3$, *quadrillé* si $p = 4$.

Le *rang* d'un réseau est le nombre minimum de catégories en lesquelles on peut répartir tous les sommets, deux sommets d'une même catégorie n'étant jamais joints par un chemin. Un réseau de rang 2, 3, 4, ... est *bipartie* (52, 55), *tripartie*, *tétrapartie*, ... La *classe* d'un réseau est le nombre minimum de catégories en lesquelles on peut répartir tous les chemins, deux chemins d'une même catégorie n'ayant jamais de sommet commun.

Un réseau est de *genre* 0, 1, 2, ... s'il est homéomorphe à un réseau dont tous les chemins sont tracés sur une surface de genre 0, 1, 2, ..., deux chemins ne se recoupant pas et par suite ne pouvant avoir d'autres points communs que leurs extrémités. Un réseau de genre zéro est dit *sphérique* : il peut être tracé sur une sphère ou un plan. On appelle souvent, ici, les chemins des *arêtes*, par analogie avec la terminologie des polyèdres. De même on appelle *face* toute portion de la sphère qui, limitée par des arêtes, n'en contient aucune à son intérieur. La juxtaposition de toutes ces faces donne la surface totale de la sphère. Si l'on fait une représentation plane du réseau par une projection stéréographique, en s'arrangeant pour qu'il n'y ait aucun chemin infini, une des faces contient les zones à l'infini du plan : c'est la *face extérieure* ou encore la *mer*, par opposition aux *faces intérieures* qui forment le *continent*. Un réseau sphérique est *losangé* si toutes ses faces sont des quadrilatères, *triangulé* si ce sont des triangles. Il serait facile de donner des définitions pour un réseau *torique*, etc.

Si C est le nombre des chemins d'un réseau, S celui des sommets, l'*indice* d'un réseau est l'entier $C - S + 1$ (15, 49).

8. Deux réseaux normaux, ou composés de réseaux normaux en nombre fini, sont *associés* (52) si l'on peut établir entre leurs sommets une correspondance réciproque et univoque telle que deux sommets quelconques joints par un chemin dans l'un des réseaux ne le soient pas dans l'autre. Si deux réseaux normaux sont associés, chacun est *associable*. Un réseau *semi-complet* est un réseau homéomorphe à son associé.

Si l'on sépare en deux catégories, de diverses façons, les sommets d'un réseau, chaque catégorie comprenant au moins deux sommets, le nombre minimum des chemins qui joignent les sommets d'une catégorie à ceux de l'autre est la *puissance* du réseau. S'il y a un isthme, le réseau est de puissance 1 et inversement.

La *distance* de deux sommets d'un réseau normal est le nombre minimum de chemins d'une chaîne dont ces sommets soient les extrémités. Elle est 1 pour deux sommets joints par un chemin. Si l'on considère un sommet A comme de *cote* 0, tous les sommets à la distance 1 de A sont de *cote* 1, à la distance 2 de *cote* 2, ... La cote maximum est la *hauteur* du réseau relative à A ; les valeurs maximum et minimum de cette hauteur sont la *longueur* et la *largeur* qui sont les deux *dimensions*. Le réseau est *rond* si elles sont égales.

Dans un réseau normal, un *noyau* est un réseau complet, d'ordre m aussi élevé que possible, contenu dans le réseau donné ; m est la *grosseur* du réseau donné.

II. — Arbres.

9. **Traits d'un arbre.** — Appelons, dans un arbre (6, 49) (*fig.* 1), *rameau* toute impasse et *nœud* tout sommet autre qu'un sommet

Fig. 1.

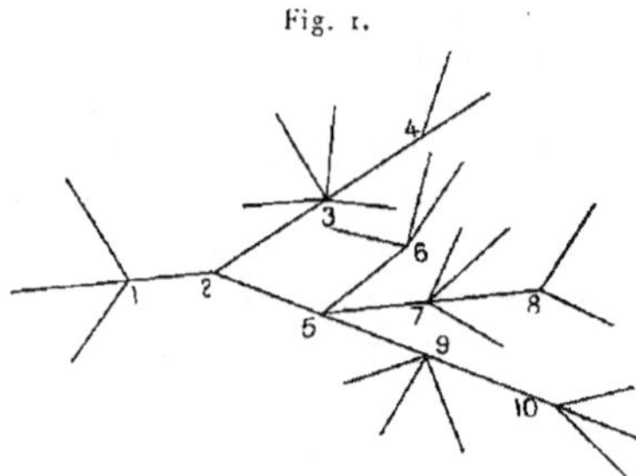

d'impasse. Appelons encore, avec de Polignac [23], *traits* des chaînes comprenant au total tous les chemins, chaque chemin ne se trouvant d'ailleurs que dans une seule chaîne. La première comprend obligatoirement deux rameaux, mais les autres peuvent se terminer à un nœud. Soient m_2, m_3, ..., m_p les nombres respectifs des nœuds de degrés (4) pairs : 4, 6, ..., $2p$ et n_1, n_2, ..., n_i ceux des nœuds de degrés impairs : 2, 5, ..., $2i+1$. Posons :

$$\sum_{p=2} m_p = \mathrm{M}, \qquad \sum_{i=1} n_i = \mathrm{N}, \qquad \sum_{p=2} p.m_p = \mathrm{P}, \qquad \sum_{i=1} i.n_i = \mathrm{I}.$$

Le nombre total des nœuds est alors M + N. On établira que, si R est le nombre des rameaux et C celui des chemins, on a, d'après Sylvester [46] pour la *magnitude* de l'arbre :

$$2\mathrm{C} = n + \sum_{p=2} 2p.m_p + \sum_{i=1} (2i+1)n_i = \mathrm{R} + 2\mathrm{P} + 2\mathrm{I} + \mathrm{N}.$$

Pour une *étoile* (6), de degré $2p$, le nombre des traits est p ; si le degré est $2i+1$, il est $i+1$. Le nombre T des traits pour un arbre à 2, 3, ... nœuds est donné par

$$T = 1 + \sum_{p=2} p.m_p + \sum_{i=1} (i+1) n_i - \sum_{p=2} m_p - \sum_{i=1} n_i = 1 + P + I - M.$$

Donc : *le nombre* T *des traits est indépendant de la méthode suivie pour en dresser la liste*. Ce nombre fixe T est la *base* de l'arbre.

Le nombre R des rameaux pour un arbre ne comprenant que n_i nœuds de degré $2i+1$ est $T+1+(i-1)\,n_i$ et, s'il n'y a que m_p nœuds de degré 2_p, il est $T+1+(p-1)\,m_p$. On en déduira que

$$R = T + 1 + \sum_{p=2} (p-1) m_p + \sum_{i=1} (i-1) n_i = T + 1 + P + I - M - N,$$

d'où les deux relations :

$$R = 2 + 2P + 2I - 2M - N, \qquad C = 1 + 2P + 2I - M.$$

Le nombre total des sommets du réseau S est donné par

$$S = R + M + N = 2 + 2P + 2I - M = C + 1.$$

10. **Tableaux.** — De Polignac [23] associe à chaque arbre, dont les sommets sont numérotés dans un ordre arbitraire, un *tableau* dont chaque ligne représente un trait, à l'exception des rameaux. C'est ainsi que l'arbre ci-dessus (*fig.* 1) peut être représenté par un des deux tableaux :

```
1 2 5 7 8      7 8
4 3 2          1 2 5 7
6 5 9 10       4 3 2
               6 5 9 10
```

Le premier tableau est dit *irréductible* : le second est *réductible*, un même chiffre 7 se trouvant à l'extrémité de deux traits qui peuvent ainsi se souder en un seul.

La considération de tels tableaux permet de retrouver la constance du nombre T. Un tableau est irréductible si chaque ligne contient un chiffre déjà écrit et un seul, condition qui n'est plus forcément respectée si l'on intervertit les lignes.

11. **Centres.** — Jordan [44], puis Sylvester [46], Cayley [39] ont introduit pour un arbre la notion de *centre*, utilisée ensuite par de Polignac [23] et Delannoy [42]. Partons d'un nœud A et suivons une chaîne qui se termine forcément par un rameau. Soit m la *hauteur* de cette chaîne (8), c'est-à-dire le nombre des chemins qu'elle contient, en y comprenant le rameau final.

Si h et h' ($h' \geqq h$) sont les hauteurs des deux chaînes les plus hautes issues de A, elles forment un trait de hauteur $h + h'$ qui est le plus long passant par A. Si cette hauteur maximum est un nombre pair $2m$, le nœud O situé au milieu de ce trait est le *centre* de l'arbre. Si cette hauteur est $2m - 1$, les nœuds O et O', extrémités du chemin placé au milieu du trait, sont les deux *centres* de l'arbre. On établit qu'*un arbre* A, *ou bien a un centre et un seul, ou bien a deux centres, extrémités d'un même chemin.*

12. **Arbres ayant un nombre de nœuds fixé à l'avance.** — La recherche du nombre $\varphi(n)$ des arbres non homéomorphes et ayant n nœuds est facilitée par la notion de centre, considéré comme point de coupure du réseau en deux. Chacune des moitiés constitue une *tige* de hauteur m. Les mots *arbre-racine* ou *wurzelbaum* ont été employés dans le même sens [39].

La recherche de $\varphi(n)$ pour des tiges de n nœuds n'a été envisagée que dans le cas où le degré de chaque nœud est 2, 3 ou 4, car les assemblages chimiques d'atomes de carbone et d'hydrogène rentrent dans ce type [43], comme dans le cas des paraffines $C^n H^{2n+2}$ étudiées par Cayley [17, 39]. Il établit que les nombres $\varphi(n)$ satisfont à l'identité :

$$[1 + \varphi(1).x + \varphi(2).x^2 + \ldots](1 - x)(1 - x^2)^{\varphi(1)}(1 - x^3)^{\varphi(2)} \ldots \equiv 1.$$

Des inexactitudes ayant été relevées dans les recherches de Cayley par Delannoy [42], nous suivrons ce dernier auteur.

13. Une tige peut donc avoir seulement 1, 2 ou 3 chemins issus du nœud auquel elle est limitée. Si elle est de hauteur m, elle a une chaîne de hauteur m, les autres ayant des hauteurs qui peuvent aller de 1 à m. Si ${}_\alpha t_n^m$ est le nombre des tiges à α chemins, n nœuds et de hauteur m et si $T_n^m = {}_1t_n^m + {}_2t_n^m + {}_3t_n^m$ est le nombre total des tiges

à 1, 2, 3 chemins initiaux, on a

$$ {}_1t_n^m = T_{n-1}^{m-1}, \qquad \text{puis} \qquad {}_2t_n^m = \sum T_p^f T_{n-(p+1)}^{m-1}, $$

p allant de 1 à $n-(m+1)$ et f de 0 à $m-1$. Enfin on a

$$ {}_3t_n^m = \sum T_p^f T_q^s T_{n-(p+q+1)}^{m-1}, $$

p allant de 1 à $\frac{1}{2}(n-m-1)$, q de p à $n-(m+p+1)$; f et s vont de 0 à $m-1$.

En désignant par ${}_2a_n^m$, ${}_3a_n^m$, ${}_4a_n^m$ le nombre des arbres à un centre, de hauteur m, ayant 2, 3, 4, ... chemins initiaux, on a de même

$$ {}_2a_n^m = \sum T_p^{m-1} T_{n-p-1}^{m-1}, $$

p allant de m au plus grand entier contenu dans $\frac{1}{2}(n-1)$ et

$$ {}_3a_n^m = \sum T_p^f T_q^{m-1} T_{n-p-q-1}^{m-1}, $$

p allant de 1 à $n-2m-1$, q de m au plus grand entier contenu dans $\frac{1}{2}(n-p-1)$, f de 0 à $m-1$, et enfin

$$ {}_4a_n^m = \sum T_p^f T_q^s T_r^{m-1} T_{n-p-q-r-1}^{m-1}, $$

où p va de 1 au plus grand entier contenu dans $\frac{1}{2}(n-2m-1)$, q va de p à $n-2m-p-1$, r va de m au plus grand entier contenu dans $\frac{1}{2}(n-p-q-1)$, f et s allant de 0 à $m-1$.

Fig. 2.

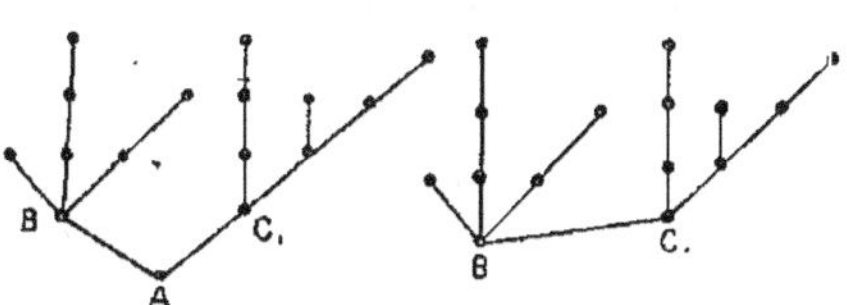

Le nombre b_n^m des arbres à deux centres est donné par la formule $b_n^m = {}_2a_{n+1}^{m+1}$, car un arbre à un centre (*fig.* 2) peut être remplacé par un arbre à deux centres en supprimant le nœud A et réunissant B et C par un chemin.

Delannoy donne comme conclusion les résultats numériques que voici :

n......	1	2	3	4	5	6	7	8	9	10	11	12	13
1 centre.....	1	0	1	1	2	2	6	9	20	37	86	181	422
2 centres....	0	1	0	1	1	3	3	9	15	38	73	174	380
Total.....	1	1	1	2	3	5	9	18	35	75	159	355	802

14. Le même auteur a indiqué une méthode différente, dans laquelle, en désignant par n', n'', n''' les nombres de nœuds d'où partent 2, 3, 4 chemins et par r celui des sommets d'impasse, il établit les relations

$$r = 2 + n'' + 2n''' \quad \text{et} \quad n' + n'' + n''' + r = n,$$

d'où l'on déduit

$$n' - 2n'' + 3n''' = n - 2.$$

Jusqu'à $n = 11$, on a les formules empiriques suivantes pour $\varphi(n)$, déjà défini (12), suivant que n est pair ou impair :

$$\varphi(2p) = 1 + (p-1) + (p-2)(p-1) + \frac{p-3}{3}(2p^2 + 3p - 20)$$
$$+ \frac{p-4}{6}(2p^3 + 62p^3 - 537p + 1053) - (2p-9)^2,$$
$$\varphi(2p+1) = 1 + 2(p-1) + (p-2)(3p-5) + \frac{p-3}{3}(14p^2 - 66p + 82)$$
$$+ \frac{p-4}{6}(18p^3 - 42p^2 - 471p + 1491) - 2[(2p-q)^2 + 1],$$

formules où il faut se garder de réduire les termes, les facteurs négatifs devant être remplacés par 0.

15. **Indice d'un réseau.** — L'identité (9) $S = C + 1$ montre que l'*indice* (7, 49) d'un arbre est nul : $\omega = C - S + 1 = 0$.

On établit que *dans un réseau simple quelconque l'indice* ω *est un nombre positif ou nul* [24, 41]. L'indice n'est nul que pour un arbre.

Soient $a_1, a_2, \ldots, a_C$ les divers chemins d'un réseau, supposés *orientés* (5). Une chaîne orientée sera représentée par

$$\sum_{i=1}^{i=C} \varepsilon_i a_i,$$

où ε est égal à 1, — 1 ou 0 suivant que le chemin considéré est pris dans le sens positif ou négatif ou n'intervient pas. A tout *cycle* correspond une congruence :

$$\gamma \equiv \sum_{i=1}^{i=c} \varepsilon_i a_i.$$

Des cycles sont *linéairement indépendants* si l'on ne peut trouver des entiers m tels que

$$\sum m\gamma \equiv 0.$$

On établit encore que *dans un réseau d'indice* ω, *il y a* ω *cycles et* ω *seulement linéairement indépendants, à l'aide desquels on peut exprimer tous les autres.* Le cas des boucles est compris dans cet énoncé.

III. — Chaines et circuits.

16. **Entrelacements.** — La question de savoir si un réseau est un *entrelacement* (5) a été posée pour la première fois par Euler [25], mais devait être connue auparavant, comme l'indiquent par exemple la légende de la signature de Mahomet [68] qu'il traçait de la pointe de son cimeterre, ou les dessins reproduits par Listing [67] ou Clausen [52].

A la base d'une telle étude se trouve le théorème évident suivant : *le nombre des sommets impairs d'un réseau est pair* [68].

17. Euler a établi que : *tout réseau simple à sommets pairs est un entrelacement. Il en est de même s'il a seulement deux sommets impairs* [25]. Il faut y ajouter avec Clausen [52] et Listing [67] : *si le réseau à* 2n *points impairs, on peut y tracer* n *chaînes, et non un nombre moindre, qui utilisent tous les chemins, chacun étant pris une seule fois.* La démonstration en est aisée [63, 68].

Fleury [57] a donné en outre un procédé pratique assez simple pour trouver un entrelacement dans un réseau donné.

18. **Labyrinthes.** — Un *labyrinthe* est évidemment assimilable à un réseau. Trémeaux [82] a montré qu'on pouvait théoriquement sortir d'un labyrinthe, c'est-à-dire suivre tous les chemins d'un

réseau dont le tracé est inconnu d'avance, en appliquant des règles qu'il indique.

Maurice [70] a indiqué une règle unique différente qui conduit au même résultat.

Lucas [69] fait remarquer que l'application de ces règles permet de ramener de tels réseaux à des *arbres* (6). Si chaque fois qu'arrivant à un sommet A on rebrousse chemin et l'on fait une coupure pour séparer ce chemin du sommet A, on transforme le réseau primitif en un arbre dont tous les chemins sont parcourus deux fois. Suivant le choix des chemins adoptés, on aura des arbres différents.

19. **Nombre des entrelacements d'un réseau.** — Delannoy [54], Tarry [80] et Lucas [68, 69] se sont préoccupés de donner le nombre des entrelacements distincts que l'on peut trouver pour un réseau donné.

Il n'y a d'entrelacements (16) que si le nombre des sommets impairs est 0 ou 2. On se ramène à ce cas, s'il y a $2n$ sommets impairs, par l'introduction fictive d'un chemin nouveau chaque fois qu'ayant parcouru une chaîne on fait un « saut » pour passer à une autre. Suivant l'ordre dans lequel on parcourt ainsi les $2n$ chaînes, on trouve $N = \frac{2(n)!}{2^n . n!} = 1.3.5\ldots(2n-1)$ dispositions différentes. On peut donc se borner, comme nous allons le faire aux réseaux à sommets pairs.

20. Un réseau à sommets tous pairs, peut comporter des *boucles* simples ou multiples, dont on se débarrasse d'abord [80]. Soit A un sommet où se rejoignent les $2q$ extrémités de q boucles et les $2p$ extrémités des chemins du reste du réseau. On trouvera que si N est le nombre des entrelacements de ce réseau réduit, celui des entrelacements du réseau primitif est $p(p+1)\ldots(p+q-1)\ldots 2^q$ fois plus grand.

Si A est une *articulation* où aboutit un *membre* (6) comportant M entrelacements, M étant forcément pair, et si $2p$ autres chemins aboutissent en A, on trouve que le facteur de multiplication de N est pM. Si en A aboutissent q membres indépendants auxquels correspondent les nombres $M_1, M_2, \ldots, M_q$, le facteur de multiplication sera $p(p+1)\ldots(p+q-1)M_1M_2\ldots M_q$. C'est ainsi qu'une rosace à n feuilles comporte $2^n(n-1)!$ entrelacements; la figure formée par n circonférences égales tangentes deux à deux et dont les centres sont en ligne droite en comporte 2^n, etc.

Dans un réseau de puissance 2 (8), une partie du réseau est reliée à un réseau réduit par deux chemins seulement qui y aboutissent l'un en A, l'autre en B. Le facteur de multiplication permettant de passer du réseau réduit au réseau primitif est la moitié du nombre des entrelacements distincts formés en supprimant le réseau réduit et soudant en un seul les deux chemins qui aboutissaient en A et B. Si, par exemple, on réunit dans un quadrilatère ABCD les sommets A et B par $2p-1$ chemins et C et D par $2q-1$, le nombre des entrelacements est $2(2p-1)!\,(2q-1)!$

21. On diminue ensuite de 1 le nombre des sommets par une méthode due à Tarry [80]. Soit A le sommet de degré $2p$ à supprimer. En réunissant 2 à 2 de toutes les façons possibles les chemins qui y arrivent, on forme $N = \frac{(2n)!}{2^n.n!}$ réseaux qui ont moins de sommets que le premier. De proche en proche on se ramène au cas deux sommets joints par $2n$ chemins, cas où il y a $2(2n-1)!$ entrelacements.

22. C'est ainsi que [69] le nombre des entrelacements du réseau formé par les côtés et les diagonales d'un polygone régulier de $2n+1$ côtés est le même que celui des entrelacements que l'on obtient, à n « sauts » près (19), pour un polygone à $2n$ côtés. On trouve ainsi [61] :

Pentagone...	$264 = 2^3.3.11$
Heptagone...	$129\,976\,320 = 2^{11}.3.5.4231$
Ennéagone...	$911\,520\,057\,021\,235\,200 = 2^{16}.3^{11}.5^2.7.11.40787$.

Le cas de l'heptagone donne la réponse à la question suivante déjà résolue par Reiss [73] d'une manière plus compliquée : *de combien de manières peut-on disposer, suivant la règle du jeu, les 28 dominos?* Dans une disposition rectiligne des 28 dominos, le premier numéro est identique au dernier et on la transforme en une disposition circulaire, qui par suppression des doubles donne une disposition circulaire de 21 dominos. D'autre part, traçons un heptagone régulier de sommets numérotés 0, 1, ..., 6 et ses diagonales, ce qui donne un réseau de degré 6 à sommets pairs. Si l'on associe maintenant, comme le propose Laisant [62] à chaque domino la diagonale ou le côté correspondant de l'heptagone, à toute disposition circulaire correspond un entrelacement du réseau, d'où le nombre cherché :

$$2^{13}.3^{8}.5.6.4231 = 2\ 653\ 076\ 643\ 840.$$

23. On a aussi étudié les figures formées de n cercles égaux tangents deux à deux. Si leurs centres sont les sommets d'un polygone régulier de n côtés, le nombre des entrelacements distincts est $(n+1).2^n$.

Considérons encore $2n$ cercles de rayon 1 ayant pour centres respectifs les $2n$ points de coordonnées ± 1, $2i$ $(i = 0, 1, \ldots, n)$. Soit $2^n.U_{2n}$ le nombre des entrelacements distincts d'un tel réseau. En y rajoutant un nouveau cercle tangent aux deux premiers et désignant par $2^{n+1}U_{n2+1}$ le nombre des entrelacements du nouveau réseau, Lucas [68, 69] donne les relations suivantes :

$$U_{2n} = U_{2n-1} + U_{2n-2}, \qquad U_{2n-1} = 3U_{2n-2} + U_{2n-3}$$

qui, en posant $U_{2n} = u_n$ et $U_{2n-1} = u_n - u_{n-1}$, prennent la forme réduite :

$$u_n = 5u_{n-1} - u_{n-2},$$

qui permet le calcul de proche en proche des u et par suite des U.

Faisons remarquer enfin que, d'après Métrod [71], le nombre des entrelacements d'un réseau à 3 sommets joints 2 à 2 respectivement par a, b, c chemins, ces nombres étant de même parité, est

$$2b!\,c!\left(\frac{a+b}{2}-1\right)!\left(\frac{a-c}{2}-1\right)!\sum_k \frac{(a+k-1)!}{k!\left[\left(\frac{a-k}{2}-1\right)!\right]^2\left(\frac{b-k}{2}\right)!\left(\frac{c-k}{2}\right)!}.$$

k, de même parité que a, b, c, prenant sucessivement toujours les valeurs jusqu'au plus petit des nombres b et c.

24. **Circuits complets d'un réseau.** — Quelques auteurs [74] et en particulier Brunel [51] ont étudié les *circuits complets* (5) d'un réseau Brunel. associe à chaque réseau un *tableau* construit comme suit : a, b, c, d étant les sommets d'un réseau, par exemple d'un tétraèdre, appelons a la première ligne et la première colonne d'un tableau carré à 4 lignes et 4 colonnes, b la deuxième ligne et la deuxième colonne, etc. A tout chemin ab faisons correspondre les lettres $a - b$ et $b - a$ dans les cases correspondantes (*fig.* 3).

Si un chemin ab est multiple (4), on inscrira dans la case correspondante $a_{b_1} + a_{b_2} + \ldots + a_{b_n}$.

Fig. 3.

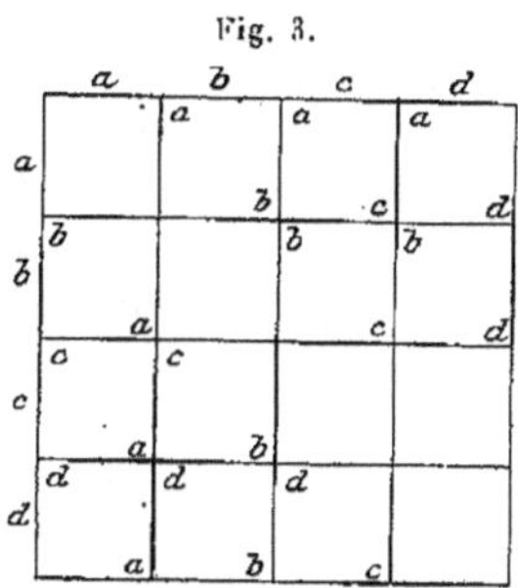

Ceci posé, on voit que tout *terme* d'un tel tableau, au sens usuel de ce mot dans la théorie des déterminants, représente précisément un circuit complet.

Il n'est pas toujours facile de savoir comment on peut grouper les éléments du tableau pour en faire des termes, ni même si c'est possible, c'est-à-dire si le réseau est *cerclé* (5).

25. Brunel considère comme de signes contraires deux éléments tels que a_b et b_a et obtient, si le nombre $2n$ des sommets est pair, un *déterminant symétrique gauche*. Appelons *demi-circuit complet* un ensemble de chemins, tels que a_b, c_d où chacun des sommets apparaît une fois et une seule. Si l'on prend de deux en deux les chemins d'un circuit complet, on le décompose en deux demi-circuits complets. Le circuit total est, en quelque sorte, le produit des deux demi-circuits.

Les théorèmes de Jacobi et Cayley sur les déterminants symétriques gauches permettent de former une expression dont le carré fournit la valeur du déterminant, ce qui revient exactement à la considération de demi-circuits complets. C'est ainsi que, aux signes près, le cas précédent correspond au carré de $a_b c_d + a_d b_c + a_c b_d$, carré dans lequel un terme tel que $a_b c_d \times a_d b_c$ correspond au circuit complet $a - b - c - d$, produit des deux demi-circuits complets $a - b$, $c - d$ et $a - d$, $b - c$.

L'auteur montre enfin que la détermination des demi-circuits complets se ramène à une détermination analogue pour un réseau ayant deux sommets de moins.

26. A ces recherches on peut ajouter l'étude de Lemoine [63, 64] sur le *problème des communications*. Distinguons dans un réseau trois groupes de sommets : n sommets A, p sommets B et n sommets C et considérons n chaînes qui vont chacune d'un sommet A à un sommet C, tous les points A et C étant utilisés une fois seulement. Chaque chaîne passe par 0, 1, 2, ..., ou p sommets B, tout sommet B, s'il est utilisé, se trouvant sur une seule chaîne. Si $\gamma(n, p, q)$ est le nombre des chaînes qui utilisent q des p sommets B, on a

$$\gamma(n, p+1, q+1) = \gamma(n, p, q+1) + (n+q)\gamma(n, p, q),$$

d'où résulte, en remarquant que $\gamma(n, 0, 0) = n!$

$$\gamma(n, p, q) = n!\,\frac{p(p-1)\ldots(p-q+1)}{q!}\,n(n+1)\ldots(n+q-1).$$

Le nombre total des systèmes de chaînes est le total des valeurs prises par $\gamma(n, p, q)$, si q va de 1 à p.

IV. — Réseaux réguliers.

27. **Réseaux complets.** — Les réseaux réguliers les plus simples à étudier sont les *réseaux complets* (7) dans lesquels existent les $\frac{1}{2}n(n-1)$ chemins qui joignent deux à deux les sommets. Leur étude a été faite par Sainte-Laguë [90]. Le nombre de leurs circuits complets est $\frac{1}{2}(n-1)!$. Leur *rang* (7) est n. Leur *puissance* est $2(n-2)$ et (8) leur *dimension* 1.

On verra que *leur classe est* $n = 2m+1$ *si* n *est impair et* $n-1 = 2m-1$ *si* n *est pair.*

28. **Réseaux polygonaux.** — Un réseau polygonal est homéomorphe à la figure formée par les sommets d'un polygone régulier, sommets numérotés 0, 1, 2, ..., $n-1$ et par des côtés ou diagonales. L'ensemble des chemins allant de 0 à a, de 1 à $a+1$, de 2 à $a+2$, ... forme l'*élément* (a) du réseau $(a \leqq n-a)$. Il est formé d'un seul polygone si a est premier avec n. Le réseau formé des éléments (a), (b), ... n'est simple que si a, b, ... sont premiers entre eux. *Un réseau polygonal est cerclé* (57).

On établit facilement que si le réseau d'ordre n est de degré p, sa classe est au moins p, si $n = 2m$ est pair, et au moins $p+1$ si $n = 2m+1$ est impair. Dans un grand nombre de cas, la classe prend bien sa valeur minimum. Il en est ainsi, par exemple, si $n = 2m+1$, cas où $p = 2q$ est pair, et si, en outre, les éléments (a), (b), ... sont des polygones. De même encore, si les plus grands communs diviseurs α, β, ... de a et n, b et n, ... sont premiers entre eux deux à deux et de produit n [90]. Si $n = 2m$, la classe a sa valeur minimum lorsque, par exemple, les divers éléments sont formés de polygones ayant un nombre pair de côtés, même si l'un deux comprend les m diamètres. La classe a encore cette propriété si $n \leqq 14$. Peut-être en est-il de même pour tous les réseaux polygonaux!

29. L'étude du *rang* est des plus difficiles. Nous signalerons simplement, quelques propriétés données par Sainte-Laguë [90].

Un réseau polygonal d'ordre impair, supérieur à 5, et formé de deux éléments est tripartie ou tétrapartie.

Un réseau polygonal d'ordre pair et formé de deux éléments est bipartie, tripartie ou tétrapartie.

Et enfin, *la condition nécessaire et suffisante pour qu'un réseau polygonal d'ordre n composé des éléments (a), (b), ... soit bipartie est que n soit pair et a, b, ... impairs.*

30. La *puissance* d'un réseau polygonal d'ordre n, de degré p ne peut être inférieure à $2(p-1)$ que si l'on peut séparer p sommets formant un *noyau* (8). Elle est alors égale à p, comme ceci a lieu pour le réseau d'ordre 10 et de degré 5 formé des trois éléments : (2), (4), (5).

Les *dimensions* (8) d'un réseau polygonal sont les mêmes pour tous les sommets. Il existe des réseaux polygonaux *associables* (8) et même *semi-complets*. Le plus simple est le réseau d'ordre 13 composé des trois éléments : (1), (3), (4).

31. **Réseaux polygonaux homéomorphes.** — Traçons un heptagone régulier et les diagonales qui sous-tendent chacune deux septièmes de circonférence (*fig.* 4). Numérotons les sommets de ce réseau en suivant le polygone étoilé intérieur, puis dessinons à côté un réseau homéomorphe dont les sommets seront numérotés dans l'ordre

naturel. On voit que ces deux réseaux polygonaux d'aspects différents sont cependant au fond identiques (4). On dit que l'on a une *correspondance régulière* entre les deux réseaux; mais il existe des *correspondances irrégulières*.

Fig. 4.

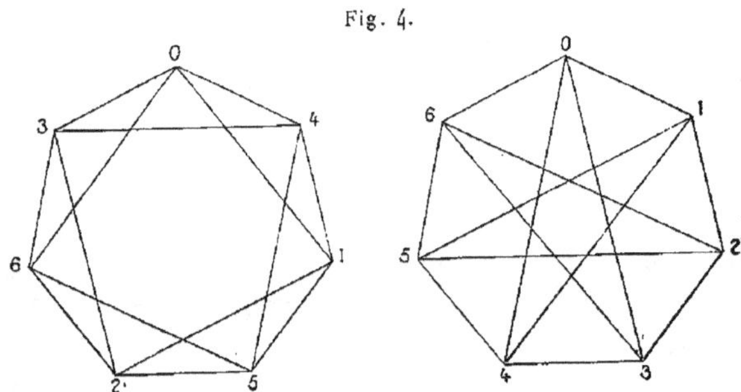

Si l'on se propose, comme l'a fait Sainte-Laguë [90], de chercher le nombre des réseaux polygonaux distincts ayant n sommets, il faudra étudier les correspondances régulières et irrégulières. Nous nous bornerons ici au premier cas.

Un problème préliminaire à résoudre est le suivant : *étant donné un cercle partagé en parties égales, quel est le nombre des polygones convexes, distincts, ayant leurs sommets pris parmi ces m points de divisions?* Deux de ces polygones, appelés *polygones* (T), sont distincts si l'on ne peut passer de l'un à l'autre par une rotation de k fois un $m^{\text{ième}}$ de circonférence. Le cas des polygones (T) à un ou deux sommets n'est pas exclu.

32. Une seconde étude, également préliminaire, est celle des *semi-congruences* : on appelle nombres *semi-congrus* par rapport à un module n donné, deux nombres a et b tels que, soit leur somme, soit leur différence, soit congrue à n au sens arithmétique du mot. Ceci se représente par

$$a \doteq b \pmod{n}.$$

On dit qu'un nombre r *appartient au semi-exposant* q, si q est le plus petit exposant pour lequel r^q est semi-congru à 1. La valeur minimum de q est m en désignant, avec Gauss, par $2m = \varphi(n)$ le nombre des entiers non supérieurs à n et premiers avec lui. Si $q = m$, r est une *racine semi-primitive* de n.

Voici les résultats essentiels de l'étude des semi-congruences :

La condition nécessaire et suffisante pour que toute solution de l'une des congruences ou semi-congruences $x^2 \equiv 1$ *et* $x \equiv 1$ *soit solution de l'autre est que leur module commun soit semi-premier, c'est-à-dire de la forme* a^α *ou* $2.a^\alpha$, *a étant un nombre premier.*

Le semi-exposant q *auquel appartient* r, *premier avec* n, *est un diviseur de* m.

Si r *appartient au semi-exposant* q, *il en est de même de* r^ρ, *si* ρ *est premier avec* q.

Il y a 0 *ou* $\varphi(m)$ *racines semi-primitives de module* n.

Toutes les racines semi-primitives de n *se déduisent de l'une d'elles* r *en prenant tous les nombres* r^ρ *pour lesquels* ρ *est inférieur à* m *et premier avec lui.*

Si r *appartient au semi-exposant* q *et d'autre part à l'exposant* q', *on a* $q' = q$ *ou* $q' = 2q$.

Si n *est semi-premier, toute racine primitive de* n *est racine semi-primitive de* n.

$n = 3^\alpha$ *admet* 2 *comme racine semi-primitive et* $n = 2^\alpha$ *admet* 3. *Si* a *est premier impair,* $n = a^\alpha$ *admet* 2 *comme racine semi-primitive* $(\alpha > 1)$, *à condition que* $2^{\alpha-1} - 1$ *ne soit pas divisible par* α^2. D'ailleurs jusqu'à 2000, seul $a = 1093$ donne une telle divisibilité [86, 87, 89].

Si r *est racine semi-primitive de* nn', *c'est aussi une racine semi-primitive de* n.

$n = a^\alpha b^\beta c^\gamma \ldots$, *avec au moins trois facteurs premiers impairs différents, n'a pas de racine semi-primitive. Il en est de même de* $n = 2^\theta a^\alpha b^\beta$, *avec* $\theta > 1$, *ou, si* $\theta = 1$, *à condition que* a *et* b *soient multiples de* 4 *plus* 1.

$n = 4.a^\alpha$ *ou* $n = 3.a^\alpha$ *admet des racines semi-primitives, mais* $n = 8.a^\alpha$ *n'en admet pas.*

n *étant impair, si l'un des nombres* n, $2n$ *a des racines semi-primitives, il en est de même de l'autre.*

33. Pour utiliser les résultats qui précédent, prenons (28) un réseau polygonal (R), d'ordre n, composé de p *éléments* (a), (b), ... Considérons les entiers α, β, ... inférieurs à m [avec $2m = \varphi(n)$],

définis par

$$r^{\alpha} \equiv a, \qquad r^{\beta} \equiv b, \qquad \ldots \qquad (\mathrm{mod}\, n),$$

et traçons d'autre part un cercle divisé en m parties égales, cercle sur lequel nous prendrons les points numérotés α, β, ... comme sommets d'un polygone (T) (31). Si maintenant on forme un réseau (R') homéomorphe à (R), en numérotant les sommets de ϖ en ϖ', avec $\varpi' \equiv r^{\omega}$, le nouveau polygone (T') aura pour sommets les points $\alpha+\omega$, $\beta+\omega$, ... et se déduira de (T) par une rotation de ω fois le $m^{\text{ième}}$ de la circonférence. Le nombre, que l'on sait évaluer, des polygones (T) est le nombre même des réseaux ne se correspondant pas entre eux à l'aide d'un numérotage de ϖ en ϖ'.

La question est immédiatement résolue si n a une racine semi-primitive r, car tout entier ϖ est de la forme r^{ω}. Elle est plus complexe si n n'a pas de racine semi-primitive, mais il est encore facile de compter le nombre $N = f(n)$ de ces réseaux polygonaux distincts. On a ainsi les résultats qui suivent :

n.....	4	5	6	7	8	9	10	11	12	13	14	15	16	17	18	19
N.....	1	1	4	2	7	5	15	6	37	13	36	32	37	34	73	58

n.....	20	21	22	23	24	25	26	27	28	29	30
N.....	183	150	262	186	1009	420	707	703	760	1180	4639

34. **Réseaux primitifs.** — Se plaçant à un point de vue entièrement différent, Petersen [34] étudie les *graphes ou réseaux primitifs*.

L'étude des invariants des formes binaires a conduit Hilbert [88], à étudier des produits tels que

$$(x_1 - x_2)^{\alpha}(x_1 - x_3)^{\beta}(x_2 - x_3)^{\gamma} \ldots (x_{n-1} - x_n)^{\varepsilon}.$$

Le degré en x_1, x_2, ..., x_n étant le même pour chaque lettre, et certains des exposants pouvant être nuls. Les solutions primitives des équations diophantines correspondent aux facteurs primitifs de ces produits qui sont définis de façon analogue. C'est ainsi que

$$(x_1 - x_2)(x_2 - x_3)(x_3 - x_1)$$

est un facteur primitif. Petersen représente chaque lettre x_p par un point, chaque terme $x_p - x_q$ ou $(x_p - x_q)^{\alpha}$ par 1 ou α chemins joignant les points x_p et x_q. Le problème de la recherche des facteurs primitifs s'énonce comme suit : *un réseau* (R) *régulier, fini et simple, avec ou sans chemins multiples étant donné, est-il décomposable en réseaux réguliers de mêmes sommets que* (R)? Si ceci n'a pas lieu (R) est primitif, sinon il est décomposable. Les réseaux composants ne sont pas forcément simples.

35. **Réseaux de degré pair.** — Considérons un réseau de degré pair $\alpha + \beta$ décomposable de deux façons différentes en réseaux de degrés α et β. Partons d'une première décomposition et traçons en *bleu* les chemins du premier, et en *rouge* ceux du second. On passe de cette première décomposition à la seconde en rendant bleues un certain nombre de lignes rouges et inversement. Ces lignes bleues et rouges forment un *circuit alternatif* et toutes les décompositions peuvent être obtenues par cette voie.

Prenons un réseau (R) d'ordre n, de degré $2p$. On peut toujours y trouver un entrelacement (16) qui a pn chemins. Si pn est pair, en marquant alternativement les chemins de l'entrelacement en bleu et rouge, on a une décomposition de (R). C'est ainsi que *tout réseau régulier de degré 4 est décomposable.* Si np, c'est-à-dire n et p sont impairs, il n'y a pas de décomposition en réseaux de degré p.

Prenons maintenant dans (R) deux chemins AB et CD, avec 4 extrémités A, B, C, D différentes et remplaçons-les par AC et BD, ce qui donne un réseau (R'); on dit que (R) et (R') sont des *réseaux jumelés.* On pourra établir la propriété suivante : *si l'un des deux réseaux jumelés peut être décomposé en réseaux du second degré, il en est de même de l'autre.* On en déduira que *tout réseau de degré pair est décomposable en réseaux du second degré.*

36. Dans un réseau (R) d'ordre n, du 4e degré, considérons deux chemins AB, CD. En général, on peut prendre un mode de décomposition tel que AB et CD soient à volonté dans un même réseau composant ou dans deux réseaux différents. Si c'est impossible, AB et CD sont dits *chemins jumelés.* Pour savoir si AB et CD (*fig.* 5) sont ou non jumelés, prenons dans (R) un entrelacement et mettons-le sous la forme d'un cercle divisé en $2n$ parties égales (*fig.* 6), à côtés alternativement bleus et rouges (ici le bleu est un trait double, le rouge un trait simple). Joignons, en outre, par des traits pointillés, ou *diagonales*, qui ne sont pas des chemins du réseau, les sommets AA, BB, CC, ... Elles seront *paires* ou *impaires*, suivant la parité du nombre des arcs sous-tendus.

Traçons enfin une droite Δ, ou *transversale*, qui rencontre les deux chemins considérés AB, CD (*fig.* 6). *Si la transversale ne coupe aucune diagonale*, AB *et* CD *sont jumelés*. On établira aussi

Fig. 5.

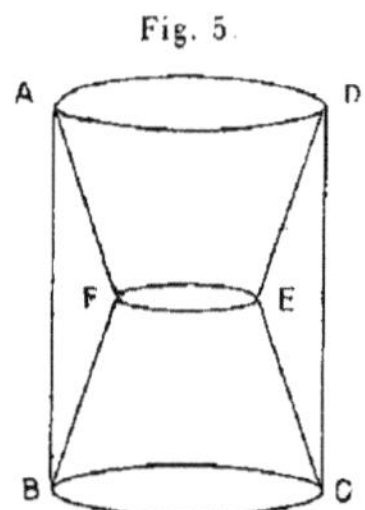

que *si la transversale coupe une diagonale paire*, AB *et* CD *ne sont pas jumelés. Ils le sont si elle coupe toutes les diagonales impaires, mais aucune paire*. Petersen établit [34] que cette condition, qui est nécessaire, est aussi suffisante.

Fig. 6.

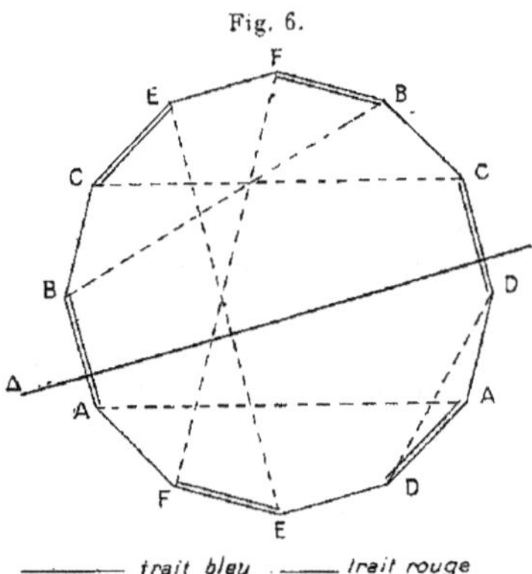

Dans le schéma que l'on vient de former, supprimons s'il en existe toute partie qui ne tient au reste que par deux chemins d'un même côté de Δ, ce qui donne un schéma réduit. On a la propriété suivante : *deux chemins jumelés* AB, CD *sont, ou non, de même couleur suivant que le nombre des sommets du schéma réduit est*

pair ou impair. De plus, il est alors possible de donner à ce schéma une forme telle qu'il existe une droite coupant tous les chemins à l'exception de AB, CD.

37. **Réseaux de degré impair.** — Il n'y a pas de réseau de degré pair supérieur à 2 qui soit primitif (35), tandis qu'*il existe des réseaux primitifs d'un degré impair quelconque* $2p+1$. Par exemple, prenons un triangle ABC dont les côtés AB et AC soient formés de p chemins, BC l'étant de $p+1$. En réunissant $2p$ triangles analogues ABC, A′ B′ C′, ... par des chemins AO, A′O, ... à un même point O, on forme un réseau primitif de degré $2p+1$ et d'ordre $6p+4$. Si $p=1$, ce réseau qui est cubique est appelé parfois *réseau de Sylvester*.

Petersen [34] établit que : *un réseau régulier* (R) *d'ordre* $2n$, *de degré impair*, d, *supérieur à* $\frac{2n+3}{3}$ *est décomposable.*

Petersen [34] se demande enfin si l'on peut savoir de façon simple dans quel cas un réseau de degré impair est primitif. Il pense qu'un tel réseau a forcément des *feuilles* (6), mais il se borne aux *réseaux cubiques*, ce qui donne la propriété suivante appelée *Théorème de Petersen : un réseau cubique ayant moins de trois feuilles est réductible* (42).

On trouvera plus loin (40, 52, ...) diverses autres propriétés des réseaux réguliers

V. — Réseaux cubiques.

38. **Réseaux bicubiques.** — Un cas particulier des réseaux réguliers est celui des réseaux *cubiques* (7), qui servent de base au *problème des quatre couleurs*. Commençons par les *réseaux bicubiques*, c'est-à-dire dont les sommets peuvent être répartis en deux catégories, deux sommets d'une même catégorie n'étant jamais joints par un chemin. Ils sont *biparties* (52) ou de rang 2 (7). Nous supposerons qu'ils n'ont pas de chemins multiples.

La classe d'un réseau bicubique est égale à 3 (53). On peut donc former un réseau bicubique en partant de circuits pairs dont on trace des diagonales, ou dont on réunit les sommets deux à deux par des chemins. Si un tel réseau est d'ordre $2n$, il a $3n$ chemins et son *indice* (7) est $n+1$.

Sainte-Laguë [98] fait remarquer, en outre, qu'un réseau bicubique n'est pas toujours cerclé.

39. Désignons par A_0, A_1, ... les sommets de l'une des catégories et par B_0, B_1, ... ceux de l'autre. Si A_0 est de *cote* 0 (8), les sommets B reliés à A_0 seront de cote 1, les sommets A, reliés à ces sommets B, de cote 2, etc. *Le nombre* N_k *des chemins qui vont de la cote* $k-1$ *à la cote* k *est multiple de* 3. Ceci résulte de l'identité

$$N_k + N_{k+1} = 3m_k,$$

dans laquelle m_k désigne le nombre des sommets de cote k.

Si α_k, β_k, γ_k sont les nombres des sommets de cote k auxquels arrivent respectivement 3, 2 ou 1 chemins provenant de la cote $k-1$, on a :

$$3\alpha_k + 2\beta_k + \gamma_k = N_k, \qquad \alpha_k + \beta_k + \gamma_k = m_k, \qquad \beta_k + 2\gamma_k = N_{k+1}.$$

N_k est de même parité que $\alpha_k + \gamma_k$ et compris entre m_k et $3m_k$.

On peut établir qu'*un réseau bicubique n'a pas d'isthme*, et, *si dans un réseau bicubique on a séparé les sommets et les chemins en deux groupes n'ayant en commun aucun chemin, mais seulement r sommets d'une même catégorie* A, *le nombre total des chemins allant de ces r sommets à l'un ou à l'autre des groupes de sommets est divisible par* 3. Toutes ces propriétés s'étendent à des réseaux biparties réguliers quel qu'en soit le degré.

40. **Réseaux bicubiques cerclés.** — Sainte-Laguë [98] considère certaines familles de réseaux bicubiques *cerclés* (5), représentés, si l'on veut, à l'aide d'un cercle avec $2n$ points de division alternativement A et B, réunis par n cordes qui joignent chacune un sommet A à un sommet B.

Si les n cordes sont les n diamètres, on a un réseau *bidiamétral. Il est de dimension* $\frac{n+1}{2}$.

On peut parfois répartir les n cordes en deux catégories telles que les cordes d'une même catégorie ne se recoupent pas à l'intérieur du cercle, ce qui donne un réseau *sphérique* (7). En groupant en une seule, dans chaque catégorie, toutes les cordes voisines, on se ramène facilement au schéma constitué par un polygone convexe découpé de façon arbitraire par des diagonales ne se recoupant pas. Le cas où dans chaque catégorie le schéma se réduit à un polygone ayant un seul côté est celui des réseaux *semi-carrelés biparties*.

En supposant $n = 2n'$, partons d'un cercle divisé en $2n$ parties égales. Si $n = v + w$, avec $v = 2v'$, $w = 2w'$ ($v' \leqq w'$), on peut supposer que le réseau est formé de v cordes parallèles verticales et de w cordes parallèles horizontales, chaque corde de l'une des familles coupant toutes celles de l'autre. On a ainsi un réseau *carrelé bipartie*, pour lequel la *dimension* (8) prend toutes les valeurs de $v' + 2$ à $n' + 1$. Si $v' = w'$, la *longueur* du réseau est $2v' + 1$ et sa *largeur* $v' + 2$. Il n'est *rond* que si $v' = w' = 2$.

41. Les réseaux bicubiques ayant au plus 16 sommets, sont tous *cerclés* [98]. Pour les noter, on peut désigner par A_0, B_0, A_1, B_1, A_2, B_2, ... les sommets consécutifs d'un circuit. Une notation telle que 5201 signifiera qu'il faut joindre A_0 à B_5, A_1 à B_2, A_2 à B_0, etc.

Avec cette convention, le seul réseau bicubique de 6 sommets peut s'écrire : 120; il est bidiamétral. Il y a un seul réseau de 8 sommets : 2031 ; il est semi-polygonal, carrelé et sphérique. Des deux réseaux de 10 sommets : 23401 et 24301, le premier est bidiamétral. Il y a 5 réseaux à 12 sommets : 123450, 143052, 120453, 134520 et 140523 ; le premier est semi-polygonal. Il y a 12 réseaux à 14 sommets : 3456012, qui est diamétral ; 2345601, semi-polygonal ; 1250634, semi-carrelé et sphérique ; 1205634, 3504162, 5430621, 3465012, 3465102, 5304621, 5241063, 5204163 et 2645130. Enfin voici les 37 réseaux de 16 sommets :

12345670	36402715	12305674	23456701	52741630
32017645	16042375	13075642	16542370	67042315
56742310	32047615	25317640	24317605	12406375
12407635	24361075	42360175	23641075	14306275
12605734	46572310	14562370	58716240	23516740
52701634	13546270	32547601	43052671	64052671
65402731	34067216	35716034	32457601	25460371
26501734	23456710			

A la première ligne, les réseaux sont, le premier et les deux derniers semi-polygonaux. Le premier est, en outre, carrelé et sphérique, le second réseau de la ligne est semi-carrelé et sphérique et le troisième sphérique.

42. **Théorème de Petersen.** — *Un réseau cubique ayant moins de trois feuilles est réductible* [34] (37). La démonstration donnée par Petersen a été très simplifiée par Brahana [93], puis par Errera [24, 95]. Nous donnons ici une démonstration analogue à ces dernières [99]; nous supposerons cependant qu'il n'y a aucune singularité : isthme ou feuille, restriction sans importance pour les applications au *problème des quatre couleurs* (1, 2). Le théorème de Petersen s'énoncera alors comme suit : *les chemins d'un réseau cubique sans isthme, ni chemin multiple, peuvent toujours être répartis en deux catégories de telle façon qu'à chaque sommet aboutisse un chemin de la première catégorie et deux de la deuxième.*

43. Avec Petersen, nous supposerons *rouges* tous les chemins de la première catégorie ou « chemins R », et *bleus* ceux de la deuxième catégorie ou « chemins B ». Nous allons procéder par récurrence en supposant le théorème exact pour tout réseau ayant moins de sommets que le réseau (ρ) considéré.

Supprimons dans (ρ) un chemin quelconque MM', ainsi que les sommets M et M' (*fig.* 7), ce qui donne (ρ_1), dont on répartit les

Fig. 7.

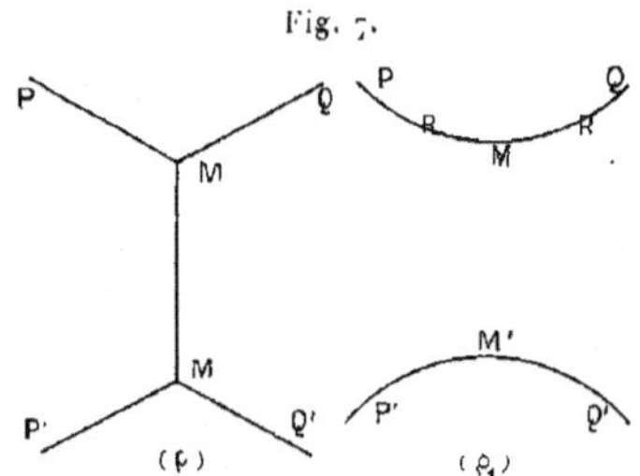

chemins en deux catégories R et B. Les deux demi-chemins PM et MQ ont naturellement la même couleur ainsi que P'M' et M'Q'.

Appelons *chaîne alternative* toute chaîne à chemins alternativement B et R. On a 4 cas possibles : 1° PMQ et P'M'Q' de (ρ_1) sont B. Il suffit alors de rétablir MM' en le marquant R; 2° il y a une chaîne alternative qui va de M à M'; on y échange alors les couleurs et l'on rétablit MM' que l'on marque B; 3° PMQ est R, P'M'Q' est B et il y a une chaîne alternative qui, commençant en M, y finit. On y échange alors B et R, ce qui redonne le premier cas.

Reste le seul cas où l'un au moins des chemins PMQ, P′ M′ Q′, et nous supposerons que c'est PMQ, est R, aucune chaîne alternative issue de M ne se terminant en M ou en M′. Nous allons prouver que ceci conduit à une absurdité.

44. Sur la figure (*fig.* 7), nous avons marqué R le chemin PMQ. Partons maintenant de M, soit vers P, soit vers Q, et appelons (ρ_2) le réseau formé par les chemins de (ρ_1) appartenant à l'une au moins des chaînes alternatives partant de M. Tous ces chemins sont *orientés* (5), l'*origine*, ou *sommet initial*, étant le sommet atteint le premier en partant de M, l'*extrémité*, ou *sommet final*, l'autre sommet. Cette origine et cette extrémité sont dites R ou B, suivant que le chemin considéré est lui-même R ou B. Certains chemins, dits *unicursaux* (5), qu'ils appartiennent à une ou plusieurs chaînes alternatives, ne peuvent être parcourus que dans un seul sens; d'autres, *bicursaux*, peuvent l'être dans les deux sens et ont deux origines et deux extrémités distinctes.

Les divers types de sommets sont alors donnés par la liste suivante (*fig.* 8) où une seule pointe de flèche, $>$ ou $<$, indique le

Fig. 8.

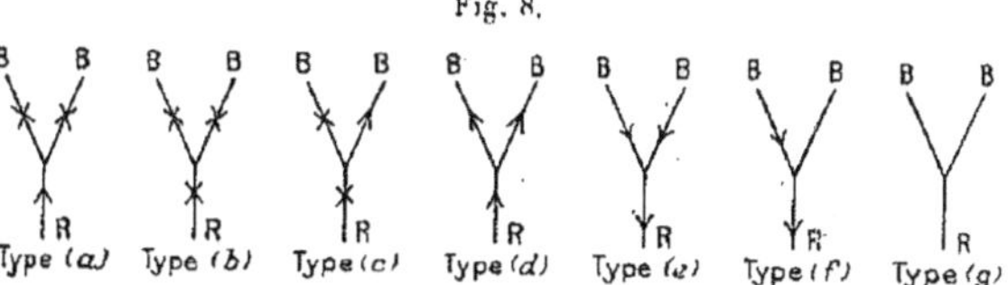

sens de parcours d'un chemin unicursal, les chemins bi-cursaux ayant une double pointe $\times$. Le type (g), dont aucun chemin n'est parcouru par une chaîne alternative, existe peut-être dans (ρ_1), mais non dans (ρ_2). Entre les nombres a, b, ... des sommets de types (a), (b), ..., existent deux relations linéaires que l'on établira sans peine.

$$c - 2a + f + 4 = 0 \qquad \text{et} \qquad c + 2d - 2e - f = 0.$$

45. $2a = c + f + 4$ ne peut être nul; donc il existe des chemins bicursaux qui forment un ou plusieurs réseaux simples; soit (ρ_3) l'un de ces réseaux. Il ne peut contenir que des sommets (a), (b)

ou (c). On n'accède à (ρ_3) que par des sommets (a) et on n'en sort que par des sommets (c).

On établit que (ρ_3), qui contient au moins un sommet du type (a), n'en contient pas un autre; le nombre des réseaux (ρ_3) est alors a.

Dans (ρ_3), dont tous les chemins sont bicursaux, chaque chemin B aboutissant à deux sommets, le nombre total des chemins B rattachés aux sommets de (ρ_3) doit être pair; donc c est pair et au moins égal à 2, ce qui entraîne $c \geqq 2a$, résultat absurde, puisque $c - 2a + f + 4$ est nul. On a ainsi achevé de justifier le théorème de Petersen.

46. **Réseaux unicursaux et bicursaux.** — On peut poursuivre cette étude [99] et considérer un réseau cubique (ρ), dans lequel, d'après ce qui précède, se rejoignent à chaque sommet un chemin R et deux B. On peut voir que *tout sommet est atteint par une des chaînes alternatives qui, partant d'un sommet* M *arbitraire, y commencent par un chemin* R. Il faut ici ajouter un sommet du type (h) qui est M, dans le cas où aucune chaîne n'y retourne. Les relations précédentes deviennent :

$$c - 2a + f + 2h = 0 \qquad \text{et} \qquad c + 2d - 2e - f = 0.$$

Si (ρ') est *contenu* (5) dans (ρ) et a ses chemins tous bicursaux, il ne peut avoir qu'un sommet (a) et a au moins deux sommets (c), d'où $c \geqq 2a$, ce qui entraîne :

$$c = 2a, \qquad f = 0, \qquad h = 0, \qquad e = a + d.$$

Donc le type (h) n'existe pas et l'une des chaînes alternatives issues de M y retourne. De plus, puisque seul un sommet (f) peut rattacher un sommet (g) aux autres, g est aussi nul, ce qui justifie l'énoncé.

47. Bornons-nous maintenant aux réseaux de puissance 4, qui servent dans le *problème des quatre couleurs* (1, 2). Un réseau (ρ') n'existe pas, car il ne serait rattaché à (ρ) que par un sommet (a) et deux (c), soit trois chemins; donc : *dans un réseau cubique de puissance 4, tous les chemins sont unicursaux, ou bien ils sont tous bicursaux, à l'exception de trois chemins issus d'un même sommet.* Dans le premier cas, le réseau est dit *unicursal*, et *bicursal* dans le second.

On établira [99] que, dans un réseau unicursal, toutes les chaînes alternatives joignant deux sommets donnés ont des nombres de chemins de même parité. Tous les circuits sont pairs; donc *tout réseau unicursal est bipartie*; ce cas se ramène à celui des réseaux bicubiques (38). Il ne resterait à considérer que les réseaux bicursaux.

Signalons encore, comme application immédiate du *théorème de Petersen* [99], qu'*un réseau cubique est de classe* 3 *ou* 4.

Disons enfin que le *théorème de Tait* [100] qui est à la base du *problème des quatre couleurs* (1, 2), peut s'énoncer : *un réseau cubique sans isthme est de classe* 3. On n'en connaît pas de démonstration.

VI. — Tableaux.

48. **Matrices.** — Une idée que l'on retrouve chez divers auteurs, comme de Polignac [22], Brunel [51], Chuard [41]. Sainte-Laguë [122] est celle qui consiste à associer à un réseau donné un *tableau* rectangulaire (10, 24). Nous allons examiner un mode de représentation proposé par Poincaré [117 à 120] et étudié par Veblen [123], Alexander [101] et Chuard [41], dont nous allons analyser le mémoire.

Dans un réseau *orienté* (5), un sommet peut ne pas appartenir au chemin et alors on représente par o cette liaison, ou en être *sommet initial*, ce que l'on représente par + 1, ou enfin *sommet final*, ce que l'on représente par — 1.

Associons à un réseau (R) un tableau (T) où chacune des p colonnes correspond à un chemin et chacune des n lignes à un sommet. Chaque case sera occupée, suivant la liaison, par o, 1 ou — 1. Ce tableau (T) s'appelle la *matrice* du réseau (R).

49. Ceci posé, on établit que *la valeur absolue* δ *d'un déterminant quelconque* Δ *à* r^2 *éléments du tableau* (T) *est égale à* 1 *ou* o.

Pour interpréter géométriquement une telle étude, appelons *réseau partiel* le réseau défini par Δ. Nous dirons qu'une ligne de zéros représente un *sommet isolé* (4); une colonne de zéros un *chemin isolé*, amputé de ses extrémités; une ligne avec seulement 1 ou — 1 donne un *sommet d'impasse* (4); une colonne avec 1 ou — 1 un *chemin d'impasse*, amputé de son extrémité. De ce qui précède résultent des énoncés tels que le suivant : *le déterminant, matrice d'un réseau partiel comprenant des sommets ou des chemins isolés, est nul.*

Un *arbre* (6, 9), amputé d'un seul sommet, donne un déterminant égal à 1. Un polygone a une matrice qui est un déterminant nul. Si on lui adjoint diverses *impasses* dont chacune apporte un sommet et un chemin de plus, on a un *arbre fermé*, avec un déterminant-matrice qui est encore nul. Enfin, on ne change pas la valeur du déterminant d'un réseau, si on lui ajoute ou si l'on en retranche des arbres.

Appelons *rang* de la matrice (T) d'un réseau (R) le nombre des lignes et des colonnes du plus grand déterminant non nul. *Le rang de la matrice d'un réseau d'ordre n est égal à* $n - 1$. Rappelons que l'*indice* (7, 15) est $p - n + 1 = \omega$.

50. **Équations linéaires et contours.** — Veblen [126], Alexander [101] et Chuard [41] ont fait correspondre des systèmes d'équations linéaires aux réseaux. Partons, avec Chuard, de (T), matrice du réseau (R) et introduisons autant d'inconnues $x_1, x_2, \ldots, x_p$ qu'il y a de colonnes. A chaque ligne de (T), donc à chaque sommet, correspond une équation : $\Sigma \varepsilon_m x_m = 0$, ε_m étant le nombre 1, -1 ou 0 donné par la colonne m. Sous une autre forme, chaque chemin étant affecté d'un coefficient numérique entier x, on écrit, qu'autour de chaque sommet, la somme algébrique de ces coefficients est nulle.

Le système de n équations à p inconnues que l'on obtient ainsi est le *système* A du réseau. On peut convenir que le chemin correspondant sera parcouru x fois dans le sens positif si x est positif, et $-x$ fois dans le sens négatif si x est négatif. Il revient au même de supposer qu'un chemin n'est pas parcouru ou l'est k fois dans chaque sens et un *contour nul* est un contour qui ne contient que de tels chemins.

Un *contour*, et ce mot a un sens plus général que celui de circuit, correspond à la somme algébrique $\Sigma x_m c_m$, où $c_1, c_2, \ldots, c_n$ désignent les n chemins. Une somme algébrique de contours affectés de coefficients entiers est encore un contour.

51. (T) contient un déterminant à $(n - 1)^2$ éléments égal à 1. On peut supposer qu'il correspond aux inconnues $x_1, x_2, \ldots, x_n - 1$ et aux $n - 1$ premières équations, ce qui revient à mettre en évidence

un arbre dans le réseau. On a un système de solutions pour les x en donnant à l'une des inconnues $x_n, x_{n+1}, \ldots, x_p$, par exemple x_r, la valeur 1, toutes les autres étant nulles. On résout alors le système et l'on s'assurera que les valeurs de $x_1, x_2, \ldots, x_{n-1}$ sont toujours 1, — 1 ou 0. Suivant le choix de x_r, on a $p - n + 1 = \omega$ systèmes de solutions linéairement indépendants. La liste des valeurs $\pm 1, 0$ ainsi obtenues pour les x est une solution de système A, et réciproquement il serait facile de retrouver ici les propriétés des ω circuits linéairement indépendants (15).

L'emploi des matrices et des systèmes d'équations se retrouve dans l'étude des *régions* [108, 109, 115, 116], ou dans celle des *configurations schématiques* [114, 123, 124].

52 **Tissus.** — Dans le cas, envisagé par Sainte-Laguë [122], où le réseau est *bipartie* (7), les sommets sont répartis en deux catégories A et B, un sommet A n'étant jamais joint qu'à un sommet B et inversement. S'il y a m sommets A, n sommets B, on forme un tableau de m lignes, une par sommet A, et de n colonnes, une par sommet B, où l'on marque 1 toute case correspondante à un chemin AB et 0, ou parfois — 1, toute autre case. L'échange des 1 et des 0 remplace le réseau par un réseau *associé* (8).

Un *tissu* est un tableau dans lequel le nombre p des chiffres 1 est constant dans chaque ligne ainsi que celui q des chiffres 1 dans chaque colonne ($mp = nq$). Ceci correspond à un réseau *bipartie semi-régulier*. Si $m = n$, et par suite $p = q$, on a un tissu carré qui représente un réseau bipartie régulier ou, en abrégé, *birégulier*.

53. La notation des tissus permet d'établir que *la classe d'un réseau birégulier est égale à son degré*, ou plus généralement que *la classe d'un réseau bipartie est égale au degré du terme qui a le degré le plus élevé*. Nous indiquerons plus loin (55) une démonstration due à Dénès König [106], différente de celle qui résulte de la notion de tissu.

Cet énoncé revient au fond à dire que dans un déterminant où le nombre des 1 est fixe dans chaque ligne ou colonne, on peut toujours trouver un terme non nul. La suppression du réseau du premier degré comprenant ces n chemins remplace le réseau birégulier par un autre dans lequel on séparera de même un second réseau du premier degré, etc. De là découle la démonstration que nous ne reproduirons pas ici [122].

54. Il est commode, pour étudier les tissus, de supposer fixe le nombre des lignes. Le tissu est alors de *largeur* m, sa longueur étant n. Dans les *tissus mi-parties*, m et n sont pairs : $m = 2q$, $n = 2p$. Il y a q fois 1 et q fois -1 par colonne, p fois 1 et p fois -1 par ligne. Le nombre des colonnes distinctes que l'on peut former est

$$2Q = C_{2q}^{q} = \frac{(2q)!}{(q!)^2}.$$

Elles sont deux à deux *associées*.

Un *tissu élémentaire de largeur* m, par définition, ne peut pas se découper en tissus de même largeur. Deux colonnes associées A_k et A'_k forment un tissu élémentaire. Considérons par exemple des tissus de largeur 8, pour lesquels $Q = 35$. Désignons par $X_1, X_2, \ldots, X_7, A_1, A_2, \ldots, A_{28}$, 35 des 70 colonnes et par $X'_1, X'_2, \ldots, X'_7, A'_1, A'_2, \ldots, A'_{28}$ les colonnes associées, le choix des 35 premières colonnes étant arbitraire et celui des colonnes X pouvant être fait ensuite de plusieurs façons, mais étant soumis à certaines restrictions.

Désignons par x_i ou a_i le nombre de fois que l'on prend dans un tissu la colonne X_i ou A_i, si X_i ou a_i sont positifs ; X'_i ou A'_i s'ils sont négatifs. En écrivant que l'on a bien un tissu, on obtient ainsi 8 équations, dont l'une d'elles : $\Sigma X_i + \Sigma a_i = 0$ peut être supprimée, car elle résulte des 7 autres. On est ramené, quoique avec une interprétation absolument différente, à des calculs analogues à ceux du système A (50). En prenant comme inconnues les x, qui, si les colonnes X ont été bien choisies, donnent un déterminant égal à 1, on exprime les x en fonction des a, avec des coefficients entiers.

On obtient ainsi un résultat qui peut s'énoncer : *il existe, de plusieurs façons, un système de tissus-bases qui juxtaposés donnent tous les tissus possibles, avec adjonction algébrique d'un nombre quelconque de couples de colonnes associées. Un tissu mi-partie donné ne peut être obtenu ainsi que d'une seule façon.* La considération de tels *tissus-bases*, qui sont dans le cas considéré au nombre de 28, montre par exemple que des tissus élémentaires peuvent être de longueur quelconques ; mais si une même colonne ne peut s'y trouver plus d'une fois, il n'en est plus ainsi, et un tissu de largeur 6 ne peut avoir alors que les longueurs 2, 4, 6 ou 10.

Dans le cas d'un tissu non mi-partie, il est possible de se ramener à des calculs comparables et d'avoir des équations à coefficients 1 ou 0, avec des déterminants formés de 1 et de 0.

A un point de vue un peu différent, les tissus ont été étudiés par Lucas [111, 112, 113] ou par Gand [104].

55. **Réseaux biparties.** — L'étude des réseaux biparties peut aussi être faite directement. Dénes König [106] a démontré que (53) : *la classe d'un réseau bipartie est égale au degré du terme qui a le degré le plus élevé*, en s'appuyant sur une propriété classique notée par bien des auteurs [41, 106, 122] : *dans un réseau bipartie, tous les circuits sont pairs.*

L'auteur en déduit des propriétés de tableaux de nombres telles que la suivante : *si dans un déterminant tous les éléments sont des entiers positifs ou nuls et que, dans chaque ligne ou dans chaque colonne, la somme soit un même nombre non nul, il y a au moins un terme du déterminant qui n'est pas nul*, propriété donnée plus haut (54). Disons enfin que ce même auteur considère des réseaux biparties *infinis* (7).

56. On doit à Errera [55] l'énoncé suivant : *le nombre maximum des chemins simples qui, dans un plan, joignent n sommets A à m sommets B est le double de $n+m-2$, si deux chemins ne peuvent se croiser dans le plan.*

Enfin, Hadamard [28] s'est posé la question : *quel est le nombre des réseaux biparties distincts d'ordre 2n et de degré 2?* En mettant en évidence le nombre r des circuits distincts dont l'ensemble constitue le réseau, il établit la formule

$$N_{n,r} = N_{n-1,r-1} + N_{n-r,r},$$

où $N_{n,r}$ désigne le nombre des réseaux à r circuits. Il en déduit les premières valeurs de $N = f(n) = \sum_{1}^{n} N_{n,r}$:

n......	1	2	3	4	5	6	7	8	9	10
N......	1	2	3	5	7	11	15	22	30	42
n......	11	12	13	14	15	16	17	18	19	20
N......	56	77	101	135	176	231	297	385	490	628

VII. — Réseaux cerclés.

57. **Réseaux cerclés.** — Ce sont des réseaux pour lesquels il existe un circuit complet (5). Sainte-Laguë [148] établit que *tout réseau polygonal est cerclé*. Ceci est évident si l'un au moins des *éléments* du réseau (28) est formé d'un seul polygone. Sinon on prend deux éléments (a), (b), tels que a, b, non premiers avec n, soient premiers entre eux, et l'on donne de ce réseau partiel une représentation *torique* (7) où les (a) sont des méridiens et les (b) des parallèles.

On en déduit un quadrillage à l'aide duquel il est facile de justifier l'énoncé.

Pour les premières valeurs de n, les réseaux bicubiques sont cerclés (41), mais ceci n'est pas vrai quel que soit n; c'est ainsi que: *tout réseau qui a un isthme n'est pas cerclé.*

D'ailleurs, si l'on examine les réseaux réguliers les plus simples [148], on trouve pour le degré 2 qu'ils sont tous cerclés. Le degré 3 donne des réseaux cerclés pour $n = 4, 6, 8$; pour $n = 10$, sur 19 réseaux, 2, dont l'un avec un isthme, ne sont pas cerclés; pour $n = 12$, sur 80 réseaux, 5, dont 4 avec un isthme, ne sont pas cerclés. Pour le degré 4 [149], $n = 5, 6, 7, 8, 9$ donnent 16 réseaux, tous cerclés, $n = 10$ en donne 57, dont 2 non cerclés.

58. **Permutations.** — L'étude des *permutations* a été faite bien souvent et l'on pourra se reporter en particulier à l'intéressant résumé de Aubry [127]. Ces recherches se ramènent immédiatement à celles qui concernent les réseaux. Numérotons 1, 2, ..., n les points consécutifs de division d'un cercle partagé en parties égales. A toute permutation $pqr\ldots$ de ces n nombres, associons le polygone de sommets $pqr\ldots$ qui sera le *polygone* de la permutation. En lui adjoignant le cercle, on a le *réseau* de la permutation, réseau régulier, cerclé, d'ordre n. La réciproque ne serait pas exacte, car un tel réseau pourrait être de *puissance* 2 (8).

Sainte-Laguë [150] groupe les permutations d'après la nature des réseaux obtenus. Il a utilisé parallèlement la représentation de Lucas [142] qui considère un tableau carré de n lignes et n colonnes et associe à la permutation $pqr\ldots$ la $p^{\text{ième}}$ case de la 1re colonne, la $q^{\text{ième}}$ case de la 2e, etc.

Pour simplifier l'exposition, nous allons poursuivre cette double étude sur un exemple particulier, en faisant correspondre à la permu-

Fig. 9.

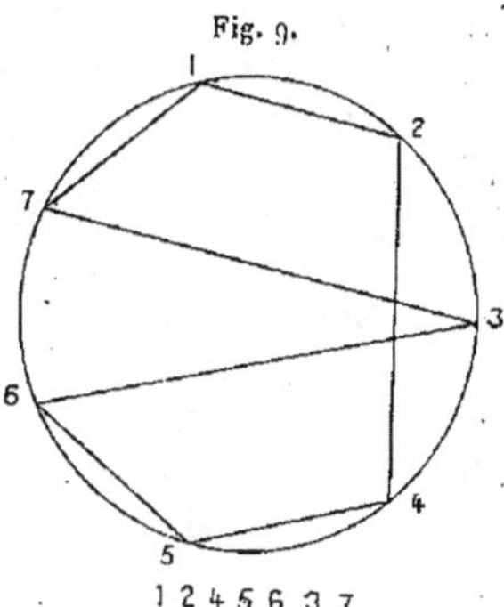

tation A : 1245637 deux schémas qui sont son *réseau* (R), ou son *polygone* (P), (*fig.* 9) et son *tableau* (T) (*fig.* 10).

Fig. 10.

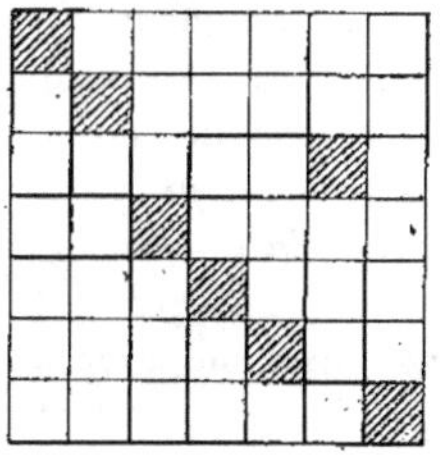

1245637

59. Les *permutations circulaires* de A : 2456713, puis 4567123, etc., donnent le même réseau (R); les nouveaux tableaux se déduisent de (T) par transport de colonnes.

Les *permutations additives* de A : 2356741, puis 3467152, etc., dont chaque élément se déduit de l'élément correspondant de A par permutation circulaire, redonnent le réseau (R). Les tableaux se déduisent de (T) par déplacement des lignes.

La *permutation inverse* de A : 7365421, redonne encore le

réseau (R) et le tableau (T), après symétrie par rapport à un axe vertical.

Enfin, la *permutation complémentaire* de A : 7643251, où l'on a pris les compléments à 8 de tous les nombres, redonne le réseau (R) et le tableau (T), après une symétrie par rapport à un axe horizontal.

A chaque permutation A de n éléments, correspondent ainsi les $4n^2$ *permutations du groupe* (a) qui ne sont pas toujours distinctes, comme on le verrait avec 1234567. Elles ont toutes le même réseau (R) et les tableaux se déduisent simplement de (T). D'ailleurs, il vaut mieux envisager ici, non plus (T), mais (θ), *tableau indéfini*, formé par la juxtaposition de tableaux identiques à (T) et couvrant ainsi tout le plan.

60. Introduisons maintenant la notion de *permutations réciproques* [127, 150]. Écrivons au-dessous de A, sa réciproque A′ :

A.......... 1 2 4 5 6 3 7
A′.......... 1 2 6 3 4 5 7

Dans A′, 1, 2, 6, 3, ... indiquent les places occupées dans A par les entiers consécutifs. Nous verrons que A′ peut être identique à A.

La permutation réciproque de A′ est A. *La permutation complémentaire de* A *a pour réciproque la permutation inverse de* A′. *Les permutations circulaires de* A *ont pour réciproques les permutations additives de* A′. Au groupe (a) correspond par *réciprocité* un groupe (a'). Leur ensemble, avec au plus $8n^2$ permutations distinctes, donne les *permutations du groupe* (A).

Pour déduire du réseau (R) le réseau réciproque (R′), numérotons non plus le cercle, mais le polygone (P) : 1234567, puis traçons un second réseau homéomorphe, dans lequel (P) devient le cercle extérieur : c'est le réseau (R′) cherché. Donc un seul réseau et quelques-uns de ses réseaux homéomorphes suffisent à représenter les $8n^2$ permutations du groupe (A). On en déduit par exemple que, le nombre des chemins doubles étant le même dans (R) et (R′), *le nombre des côtés des polygones sous-tendant un seul arc de cercle est le même pour deux réseaux réciproques.*

Les tableaux réciproques (T) et (T′), ou (θ) et (θ'), sont des tableaux symétriques par rapport à une diagonale principale.

A est une *permutation auto-réciproque*, si elle est identique à A'. (T) doit être alors confondu avec son symétrique (61, 71).

Le classement des premières permutations, si l'on ne tient pas compte de la réciprocité, donne le tableau suivant :

n.	$n!$	Groupes de $2n$.	Groupes de $4n$.	Groupes de n^2.	Groupes de $2n^2$.	Groupes de $4n^2$.
3	6	1 de 6				
4	24	1 de 8	1 de 16			
5	120	2 de 10			2 de 50	
6	720	1 de 12	1 de 24	3 de 36	6 de 72	1 de 144
7	5040	3 de 14			21 de 98	15 de 196
8	40320	2 de 16	1 de 32	11 de 64	67 de 128	121 de 256

En tenant compte de la réciprocité, ce tableau devient le suivant :

n.	$n!$	Groupes de $2n$.	Groupes de $4n$.	Groupes de n^2.	Groupes de $2n^2$.	Groupes de $4n^2$.	Groupes de $8n^2$.
3	6	1 de 6					
4	24	1 de 8	1 de 16				
5	120	2 de 10			2 de 50		
6	720	1 de 12	1 de 24	3 de 36	2 de 72	3 de 144	
7	5040	1 de 14	1 de 28		9 de 98	19 de 196	8 de 392
8	40320	2 de 16	1 de 32	7 de 64	21 de 128	47 de 256	49 de 512

61. Cycles. — A la notion de permutations se rattache la notion classique de *cycle*, due à Cauchy [134], et qui résulte de la comparaison d'une permutation à la suite naturelle des nombres. C'est ainsi que A contient trois cycles de 1 : 1 — 1, 2 — 2, 7 — 7 et un cycle de 4 : 4 — 3 — 6 — 5. Ces cycles, comme l'a montré Sainte-Laguë [150], se rattachent aux schémas précédents. Si nous traçons

Fig. 11.

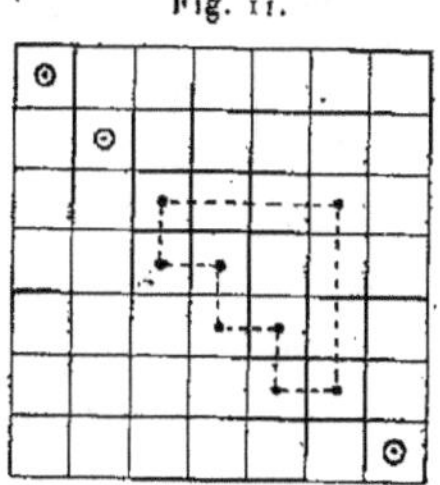

par exemple, sur un même tableau, A et la permutation 1234567, nous avons (*fig.* 11) les trois cycles de 1, marqués ici par des points entourés d'un rond et le cycle de 4 qui donne un polygone à 8 côtés tracé en pointillé.

On vérifiera que A, *son inverse, sa complémentaire et sa réciproque ont les mêmes cycles. Une permutation est auto-réciproque si elle n'admet que des cycles de 1 ou 2 et réciproquement.*

A un schéma tel que celui de la figure (*fig.* 11), on peut associer un nouveau réseau (9), en traçant un cercle divisé en 7 parties égales. Le cycle 1 — 1 donne le sommet 1 avec une boucle ; de même pour 2 — 2 et 7 — 7 ; le cycle 4 — 3 — 6 — 5 donne le quadrilatère de sommets 4, 3, 6, 5. Ces schémas sont quasi-identiques à ceux que va donner le problème suivant.

62. **Problème des timbres-poste.** — On trouve dans Lucas [142] l'énoncé suivant : *de combien de manières peut-on replier sur un seul une bande de n timbres-poste ?* Malgré sa grande simplicité apparente, cette question est restée insoluble.

Si, avant de les replier, on numérote les timbres : 1, 2, ..., n, la bande pliée donnera, de dessus en dessous, une certaine permutation. Il faut distinguer les *permutations possibles* des *permutations impossibles*.

Comme le propose Sainte-Laguë [151], représentons par un point d'une droite chaque timbre de la bande, et par un demi-cercle, ou un contour analogue au point de vue de l'*Analysis situs*, la charnière qui rejoint chaque timbre au suivant. Nous associons ainsi à une permutation possible, telle que

$$2 — 1 — 3 — 6 — 5 — 4 — 7 — 9 — 11 — 12 — 10 — 8,$$

un schéma tel que celui de la figure (*fig.* 12). On obtient ainsi une

Fig. 12.

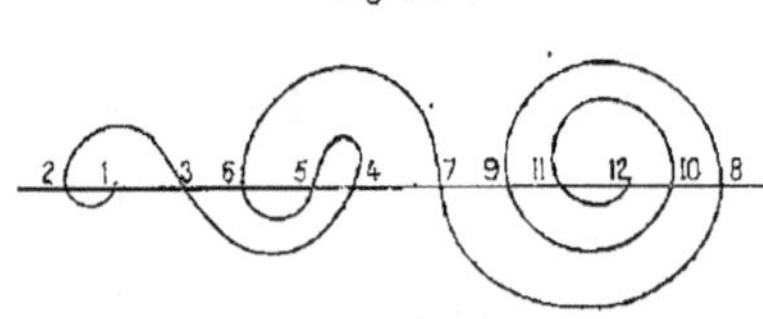

courbe qui, si l'on place alternativement les demi-cercles de part et d'autre, n'a aucun point double. La réciproque est évidente.

Nous nous bornerons à indiquer les propriétés que voici : *si une permutation A est possible, toute permutation circulaire de A est possible.* Ce théorème est fondamental, car il met en évidence le seul groupe simple que l'on puisse former avec de telles permutations. Il permet de supposer que toute permutation commence par 1. *Si A est possible, la permutation inverse et la permutation complémentaire de A le sont aussi.* Pour simplifier ce qui suit, convenons maintenant de numéroter les points de la droite (*fig.* 12) dans l'ordre habituel, puis lisons-les dans l'ordre où ils sont rencontrés par la courbe. On a de nouvelles permutations telles que ici :

$$2-1-3-6-5-4-7-12-8-11-9-10,$$

et les énoncés suivants : *le nombre des permutations possibles commençant par* 1, p *est égal à celui des permutations commençant par* 1, $n+2-p$, ce que l'on peut écrire, avec des notations évidentes :

$$K_n^p = K_n^{n+2-p}.$$

Le nombre des permutations possibles commençant par 1, 2 *est égal au nombre total des permutations possibles commençant par* 1 *et ayant un élément de moins*, ou encore :

$$K_n^2 = K_n^n = K_{n-1},$$

en posant

$$K_n = K_n^2 + K_n^3 + \ldots + K_n^n.$$

Si n est pair, il n'y a pas de permutation possible commençant par 1, *et suivie d'un nombre impair*, ce qui s'écrit

$$K_{2p}^{2q+1} = 0.$$

Il est facile d'avoir des familles de permutations toujours possibles, par exemple en prenant de façon quelconque des entiers croissants, puis, arrivé à n, recopiant en décroissant tous les entiers restants. On peut aussi, de bien des façons, déduire une permutation possible d'une autre. Si, par exemple, une permutation se termine par

$$\ldots,\quad n-2q,\quad n-2q+2,\quad \ldots,$$
$$n-2,\quad n,\quad n-1,\quad n-3,\quad \ldots,\quad n-2q+1,$$

on peut remplacer ces termes par

$$\ldots,\quad n-2q,\quad n-2q+1,\quad n-2q+3,\quad \ldots,$$
$$n+3,\quad n-1,\quad n,\quad n-2,\quad n-4,\quad \ldots,\quad n-2q+2.$$

Si, entre p et $p+1$, se trouvent des entiers $r, s, \ldots, n$ tels que la liste

$$\ldots,\ p,\ r,\ s,\ \ldots,\ u,\ p+1,\ q+1,\ \ldots$$

comprenne de r à u tous les entiers de $p+2$ à q, on pourra remplacer cette liste par

$$\ldots,\ p,\ p+1,\ u,\ \ldots,\ s,\ r,\ q+1,\ \ldots.$$

Disons encore que *si une permutation est possible, elle ne peut pas convenir au problème des n reines non en prise sur un échiquier de n^2 cases* (72).

63. On peut donner diverses formules de récurrence. Soit, par exemple, I_n le nombre des permutations impossibles et ω_p le nombre des dispositions de p timbres dans lesquelles l'impossibilité provient uniquement du dernier timbre. On établira les formules suivantes :

$$I_n = 5.6\ldots(n-1)\,\omega_4 + 6.7\ldots(n-1)\,\omega_5 + \ldots + (n-1)\,\omega_{n-2} + \omega_{n-1},$$
$$I_n - n\,I_{n-1} = \omega_n.$$

Les premières valeurs de $N = f(n)$, nombre de permutations possibles de n timbres, sont données par le tableau

n.......	1	2	3	4	5	6	7	8	9	10
N.......	1	2	6	16	50	144	448	7472	17676	41600

Pour terminer ceci, considérons une des moitiés du schéma (*fig.* 12) en prenant les demi-cercles supérieurs. En refermant sur elle-même la droite qui sert de base, on est ramené à considérer un cercle et des cordes ne se recoupant pas. On retrouve ainsi, à quelques restrictions près, un réseau bicubique (40), mis sous une forme que l'on rencontre assez souvent dans les questions de Géométrie de situation.

64. **Courbes.** — Aux questions qui précèdent se rattachent divers problèmes de Géométrie de situation. Beaucoup concernent les figures formées par un fil posé sur un plan, sans nœuds, et avec seulement des points doubles apparents [127, 128]. On a, par exemple, l'énoncé suivant [152] : *si une courbe, sans points d'arrêts, n'a que des points doubles, on peut, à chaque croisement, marquer un + et*

un — sur chacun des deux traits qui y passent, de telle façon que, si l'on suit la courbe, on rencontre alternativement un + et un —.

Citons encore ici la théorie des *caractéristiques* due à Kroncker [139] et que nous allons résumer d'après Weber [153].

Sur toute courbe fermée, sans point double, nous appellerons *sens positif* un sens tel que, par exemple, l'intérieur de la courbe soit à main gauche. Prenons deux courbes φ et ψ et désignons par le mot d'*enclos* la portion intérieure à l'une des deux courbes et extérieure à l'autre. Un *point d'entrée* sera un point par lequel, en allant dans le sens positif sur φ, on pénètre à l'intérieur de ψ. On définira de même un *point de sortie*. Ajoutons maintenant une troisième courbe f (*fig.* 13). Associons au sens positif sur f, φ et ψ le cycle

Fig. 13.

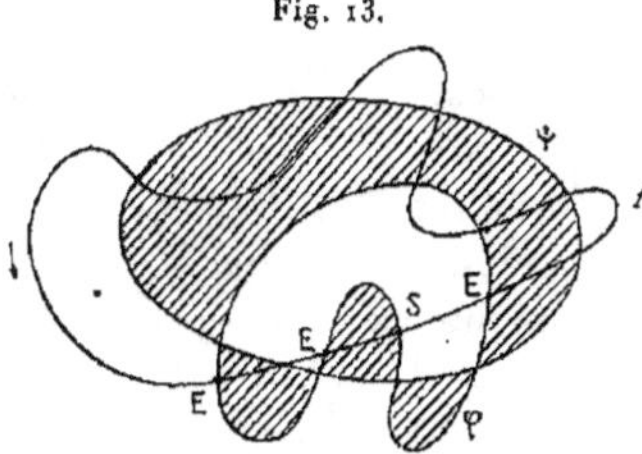

$f, \varphi, \psi, f, \varphi, \psi, f, \ldots$, ou en abrégé f, φ, ψ et au sens négatif le cycle inverse f, ψ, φ. Nous appellerons, pour le cycle f, φ, ψ point d'entrée chacun des e points d'entrée E de f dans l'enclos φ, ψ, à condition qu'il soit sur φ et non sur ψ. De même les s points de sortie S seront sur φ et non sur ψ. Il y a, ici, trois points E et un S. La *caractéristique* k du système de courbes f, φ est la moitié de la différence $e - s$. Ici, $k = 1$.

Si l'on désigne par $k(f, \varphi, \psi)$ ce nombre, on établit qu'il n'y a qu'une seule valeur de k pour un cycle f, φ, ψ.

65. **Tresses.** — Considérons n droites $1, 2, \ldots, n$ tracées dans le plan, et telles que deux ne soient jamais parallèles ni trois concourantes [150]. Coupons-les par une *transversale* variable Δ qui se déplace parallèlement à elle-même, donnant ainsi diverses permutations. A chaque passage par un point commun à deux droites, on

vérifiera que le nombre des *inversions* varie de 1, ce qui permet l'étude des propriétés des inversions de permutations [127].

On généraliserait facilement ceci en considérant une *tresse* [150], formée non plus de droites, mais de courbes quelconques, coupées par une transversale ou une courbe analogue du point de vue de l'*Analysis situs*.

VIII. — Échiquier.

66. **Échiquier.** — Les points du plan à coordonnées entières forment un réseau que l'on peut considérer comme un *échiquier* indéfini. Un grand nombre de questions de Géométrie de situation se ramènent immédiatement à l'étude de tels réseaux. Comme elles sont souvent insolubles dans le cas général, on se borne habituellement à des échiquiers de n^2 *cases*, ce qui introduit les bords de l'échiquier.

C'est ainsi que, sous le nom de *carrés ou échiquiers anallagmatiques* [185, 187, 195], Sylvester [197] considère des carrés à cases blanches ou noires, dans lesquels, pour deux lignes ou deux colonnes quelconques, le nombre des *variations* de couleurs est toujours égal au nombre de *permanences*. Leur étude est analogue à celle des formules de décomposition d'un produit de sommes de 4, 8, 16, ... carrés en sommes de 4, 8, 16, ... carrés [178].

67. Un grand nombre de liaisons conventionnelles entre les sommets ou cases d'un échiquier sont précisément représentées par les *pièces* du jeu d'échec, ce qui introduit une terminologie classique.

Le *roi* peut aller d'une case m, n à l'une des 8 cases $m, n \pm 1$; $m \pm 1, n$ ou $m \pm 1$, $n \pm 1$. Il parcourt à chaque *pas* un des chemins d'un réseau régulier de degré 8.

La *tour* va de m, n à m, p ou p, n. Elle utilise les chemins d'un réseau régulier de degré 4.

Le *fou* va de m, n à $m \pm p$, $n \pm p$. Si l'on considère m, n comme *case paire* ou *blanche*, ou bien comme *case impaire* ou *noire*, suivant que m et n sont ou non de même parité, on constate que le fou se déplace sur des cases de même parité. En faisant tourner l'échiquier de 45°, on voit que le déplacement du fou est identique à celui de la tour. On considère parfois le *demi-fou* [196] qui va de m, n à $m \pm p$, $n \pm p$, les doubles signes étant les mêmes, ou étant inverses.

La *reine* admet à la fois les déplacements de la tour et ceux du fou. Elle utilise les chemins d'un réseau de degré 8 Une *demi-reine* admet les déplacements de la tour et ceux du demi-fou [196].

Le *cavalier* va de m, n à $m \pm 1$, $n \pm 2$ ou $m \pm 2$, $n \pm 1$. A chaque *saut* il parcourt l'un des chemins d'un réseau régulier de degré 8. Une *amazone* a les déplacements de la reine et du cavalier [196].

On considère parfois un échiquier indéfini comme résultant de la juxtaposition d'échiquiers à n^2 cases. Toute case de coordonnées $\alpha n + p$, $\beta n + q$ est alors remplacée par p, q, *case congrue* (module n), dans l'un quelconque des échiquiers à n^2 cases, en général dans celui pour lequel p et q vont de 0 à $n - 1$. Avec cette convention, une reine placée sur la case p, q peut atteindre, ou *commande*, une quelconque des cases d'abscisse p ou d'ordonnée q et en outre des cases qui, ramenées aux cases congrues de l'échiquier primitif, y occupent, en général, outre les parallèles primitives aux diagonales, des segments de deux autres parallèles. Une *grande reine* est une reine qui commande simultanément toutes ces cases de l'échiquier de n^2 cases [196].

68. D'après Lucas [186], le nombre des sauts distincts que peut faire le cavalier sur un échiquier rectangulaire de pq cases est : $8pq - 12p - 12q + 16$. S'il peut aller de la case m, n à $m \pm r$, $n \pm s$ ou à $m \pm s$, $n \pm r$, ce résultat devient $8pq - 4(p + q)(r + s) + 8rs$, nombre à diviser par 2 si l'un des nombres r, s, $r - s$ est nul.

Les déplacements des autres pièces peuvent se ramener à ceux des cavaliers, ce qui donne pour le nombre des pas du roi :

$$8pq - 6p - 6q + 4.$$

Sur un échiquier de n^2 cases, ce nombre devient $4(2n - 1)(n - 1)$.

Le nombre des déplacements de la tour est $2n^2(n - 1)$; celui des deux fous, pris ensemble, $\frac{1}{3}2n(n - 1)(2n - 1)$; celui de la reine, $\frac{1}{3}2n(n - 1)(5n - 1)$.

69. **Problèmes de tours.** — Les dispositions de n tours non *en prise* deux à deux sont données par des permutations, question déjà étudiée et sur laquelle nous reviendrons (71). Plus généralement pour un échiquier de pq cases, Lucas [186] établit la formule sui-

vante, dans laquelle E_r est le nombre de solutions pour r tours :

$$rE_r = (p-r+1)(q-r+1)E_{r-1},$$

d'où l'on déduit

$$E_r = r!\,C_p^r C_q^r.$$

Partageons maintenant l'échiquier en deux parties et soit T_r^s le nombre de façons de placer r tours non en prise, telles que s soient sur le premier échiquier partiel et $r-s$ sur le second. On a les deux formules :

$$E_r = T_r^0 + T_r^1 + T_r^2 + \ldots + T_r^r$$

et

$$(p-r)(q-r)T_r^{s-1} = (r-s+2)T_{r+1}^{s-1} + sT_{r+1}^s.$$

On en déduit que pour l'échiquier de 64 cases, les nombres f_r de façons de placer r fous de même couleur sont donnés par

r..........	1	2	3	4	5	6	7
f_r..........	32	356	1704	3532	2816	632	16

le nombre F_n des façons suivant lesquelles on peut placer n fous blancs ou noirs, non en prise sur l'échiquier de n^2 cases, est donné par

$$F_n = f_n + f_1 f_{n-1} + f_2 f_{n-2} + \ldots + f_{n-1} f_1 + f_n,$$

ce qui d'après Perott [192], pour $n=8$, donne 22522960 solutions.

70. Lucas [186] cherche le nombre Q_n des dispositions où aucune tour n'est sur une diagonale fixée, ce qui donne le nombre des permutations dont aucun élément n'est à son rang naturel. On a la formulé

$$Q_n = (n-1)(Q_{n-1} + Q_{n-2}),$$

d'où l'on déduira

$$Q_n = nQ_{n-1} + (-1)^n,$$

et par suite

$$\frac{Q_n}{n!} = \frac{1}{2!} - \frac{1}{3!} + \frac{1}{4!} + \ldots + \frac{(-1)^n}{n!}.$$

On retrouve ceci à partir de $P_n = n!$, nombre des permutations de n éléments, qui peut s'écrire :

$$P_n = Q_n + C_n^1 Q_{n-1} + C_n^2 Q_{n-2} + \ldots + C_n^p Q_{n-p} + \ldots + Q_0,$$

$Q_n - 1$, $Q_n - 2$, ... correspondant aux permutations avec 1, 2, ...

tours sur la diagonale considérée. Ceci peut s'écrire symboliquement, d'après Neuberg [190],

$$P^{(n)} = (Q + 1)^{(n)}.$$

Ces règles du calcul symbolique s'appliquant aux dérivées, la formule de Taylor donne

$$(P + x)^{(n)} = (Q + 1 + x)^{(n)},$$

qui est vraie quel que soit x, d'où en particulier pour $x = -1$:

$$Q^{(n)} = (P - 1)^{(n)}.$$

71. Pour les D_n dispositions de n tours symétriques par rapport à une diagonale, ce qui correspond aux permutations *autoréciproques* (60), on trouve que

$$D_n = D_{n-1} + (n-1) D_{n-2},$$

d'où

$$D_n = 1 + \frac{n(n-1)}{2} + \frac{n(n-1)(n-2)(n-3)}{2.4} + \frac{n(n-1)(n-2)(n-3)(n-4)(n-5)}{2.4.6} + \ldots.$$

Pour les B_n dispositions symétriques par rapport aux deux diagonales, on a

$$B_{2n+1} = B_{2n} \quad \text{et} \quad B_{2n} = 2 B_{2n-2} + (2n-2) B_{2n-4},$$

ce qui permettrait le calcul des termes B.

Le nombre T_n des dispositions symétriques par rapport à une diagonale, sans qu'aucune tour soit sur cette diagonale, est donné par

$$T_{2n+1} = 0 \quad \text{et} \quad T_{2n} = (2n-1) T_{2n-2} = 1.3.5\ldots(2n-1),$$

ce qui conduit aux formules symboliques :

$$D^{(n)} = (T + 1)^{(n)} \quad \text{ou} \quad T^{(n)} = (D - 1)^{(n)}.$$

Si S_n est le nombre des dispositions symétriques par rapport au centre et pour lesquelles aucune tour n'est sur une diagonale, on a

$$S_{2n+1} = 0 \quad \text{et} \quad S_{2n} = (2n-1) S_{2n-2} + (2n-2) S_{2n-4},$$

ce qui, en désignant par G_n le nombre des permutations symétriques par rapport au centre de l'échiquier, donne

$$G_{2n+1} = G_{2n}, \qquad G^{(2n)} = (S^2+1)^{(n)}, \qquad G_{2n} = 2^n . n! = 2^n P_n,$$

ou encore

$$S^{(2n)} = (G^2-1)^{(n)} = (2P-1)^{(n)} = 2^n n! - \frac{n}{1!} 2^{n-1}(n-1)! + \ldots + (-1)^n.$$

72. **Problèmes de reines.** — L'un des plus célèbres parmi les problèmes de reines est celui « des huit reines », cas particulier du suivant : *de combien de manières peut-on placer sur un échiquier de n^2 cases n reines qui deux à deux ne soient pas en prise ?* [155, 184, 194].

Toute solution d'un tel problème peut se représenter par une permutation et l'on voit que *si une permutation est possible, il en est de même de la permutation inverse, ou complémentaire, ou réciproque*, mais non en général des permutations additives ou circulaires. Chaque *solution-type* donne ainsi naissance, à cause des symétries, et, suivant les cas, à 8, 4 ou 2 solutions distinctes.

Des études empiriques ont donné la liste des solutions pour les premières valeurs de n et l'on a ainsi le tableau suivant [156] :

n.	1.	2.	3.	4.	5.	6.	7.	8.	9.	10.	11.	12.
Solutions-type non symétriques.........				1	1							4
Solutions-type avec une symétrie........						1	2	1	4	3	12	18
Solutions-type avec deux symétries......					1		4	11	42	89	329	1744
Nombre total de solutions-type..........	1	0	0	1	2	1	6	12	46	92	341	1766
Nombre total de solutions...............	1	0	0	2	10	4	40	92	352	724	2680	14032

On a établi que, à partir de $n=3$, le problème des n reines a toujours au moins une solution [156], qui peut s'écrire pour n multiple de 6 plus 0 ou 4 :

$$2,\ 4,\ 6,\ \ldots,\ n,\ 1,\ 3,\ 5,\ \ldots,\ n-1,$$

et pour n multiple de 6 plus 2 :

$$4,\ n-2,\ n-4,\ \ldots,\ 8,\ 6,\ n,\ 2,\ n-1,\ 1,\ n-5,\ n-7,\ \ldots,\ 3,\ n-3.$$

Le cas de n impair s'en déduira facilement.

73. On a cherché à placer n *grandes reines* (67), non en prise, sur un échiquier de n^2 cases [193]. On obtient des dispositions symétriques qui conduisent à des *carrés magiques*. Deux de ces dispositions peuvent donner naissance à une troisième, si l'on en fait le *produit*. C'est ainsi que les dispositions suivantes sur deux échiquiers, de 7^2 et 5^2 cases :

$$1-5-2-6-3-7-4 \quad \text{et} \quad 3-1-4-2-5,$$

donnent comme produit pour 35^2 cases :

$$3-1-4-2-5-23-21-24-22-25-8-6-9-7-10-28-26-29-27-30-13-11-14-12-15-33-31-34-32-35-18-16-19-17-20,$$

ce qui, si l'on construit les trois schémas, explique suffisamment le sens du mot *produit*.

Le nombre de façons de placer p reines non en prise deux à deux sur un échiquier à n^2 cases, est, pour $p=2$ [189] :

$$\frac{1}{6}n(n-1)(n-2)(3n-1)$$

et, pour $p=3$ [181, 191, 199] :

$$\frac{1}{12}(n-1)(n-3)(2n^4-12n^3+25n^2-14n+1).$$

Est-il possible de placer, sur un échiquier de 64 cases, 16 reines de façon que, sur chaque ligne, colonne ou parallèle à une diagonale, une reine ne soit en prise qu'avec une autre au plus ? Ceci suppose qu'il y ait 2 reines par ligne et par colonne et conduit à des permutations doubles telles que la suivante qui donne une solution du problème [156] :

5	4	2	1	2	1	3	4
8	6	6	7	3	7	5	8

Le schéma suivant donne le nombre maximum de reines, qui est 11, telles que chaque reine soit en prise avec 2 autres et seulement avec 2 [155] (la dernière colonne ne contient aucune reine) :

1	3	7	3	1	5	2
8	6			7		4

Disons enfin que, sur un échiquier de 49 cases [156], on peut placer 49 reines de 7 couleurs différentes, les 7 reines d'une même couleur n'étant pas en prise 2 à 2. Si A, B, C, D, E, F, G sont dans l'ordre les couleurs des 7 reines de la première ligne, celles des suivantes s'en déduiront par la permutation circulaire qu'indiquent les couleurs de la première colonne : A, C, E, G, B, D, F.

74. *Quel est le nombre minimum p de reines qui commandent les n^2 cases d'un échiquier?* [154]. — Il y a, ici, trois hypothèses distinctes : *a*, les *p* reines considérées deux à deux peuvent ou non être en prise ; *b*, chacune des *p* reines est en prise avec au moins une autre ; *c*, aucune des *p* reines n'est en prise avec une autre.

Il y a intérêt, comme pour le problème des *n* reines (72), à chercher d'abord des *solutions-type* qui à l'aide de symétries donnent toutes les autres. Nous nous bornerons à donner, pour chacun des trois cas *a*, *b*, *c*, le tableau récapitulatif que voici [154] :

n.	1.	2.	3.	4.	5.	6.	7.	8.	9.	10.	11.	12
p..............	1	1	1	2	3	3	4	5	5	5	5	6
a. Solutions-type..	1	1	1	3	37	1	13	638	?	?	1 (?)	?
Nombre total...	1	4	1	12	186	4	86	4860	?	?	2 (?)	?
p..............	0	2	2	2	3	4	4	5	5	?	6 (?)	?
b. Solutions-type..	0	2	5	3	15	140 (?)	5	56	?	?	?	?
Nombre total...	0	6	20	42	70	900 (?)	22	352	?	?	?	?
p..............	1	1	1	3	3	4	4	5	5	5	5	?
c. Solutions-type...	1	1	1	2	2	17	1	91	?	?	1 (?)	?
Nombre total...	1	4	1	16	16	120	8	728	?	?	2 (?)	?

Signalons encore les résultats suivants : avec 7 reines groupées dans un carré central de 5^2 cases, on peut commander les 13^2 cases d'un échiquier; avec 9 reines groupées dans un carré central de 7^2 cases on peut commander les 17^2 cases d'un échiquier, etc.

75. **Problèmes de cavaliers.** — On s'est posé au sujet des cavaliers des questions analogues à celles qui précèdent et en particulier on s'est demandé combien il fallait placer de cavaliers sur un échiquier pour commander toutes les cases [155].

D'autre part, Désiré André [158] a cherché sur un échiquier de largeur 4 et de longueur *n* quels sont les nombres de façons P_n, Q_n, R_n, S_n dont un cavalier, qui ne recule jamais, peut atteindre chacune des 4 cases de la $n^{\text{ième}}$ ligne en partant d'une case donnée. En appliquant la méthode des *arrangements complets*, il a montré que,

$$P_n = Q_{n-2} + R_{n-1}, \qquad R_n = P_{n-1} + Q_{n-2} + S_{n-2},$$
$$Q_n = P_{n-2} + R_{n-2} + S_{n-1} \qquad S_n = Q_{n-1} + R_{n-2},$$

d'où, en désignant par N une quelconque des lettres P, Q, R, S,

$$N_n = 2N_{n-2} + 2N_{n-3} + 4N_{n-5} + 2N_{n-6} - N_{n-8}.$$

suite récurrente provenant de l'équation génératrice :

$$(x+1)(x^3 - x^2 - x - 1)(x^4 + 2x - 1) = 0.$$

IX. — Marche du cavalier.

76. **Problème d'Euler.** — Un des problèmes de la Géométrie de situation qui, comme le problème des 8 reines, a été étudié par de nombreux auteurs est le *problème d'Euler* [200, 208, 209, 215, 220]. *Comment obtenir tous les déplacements du cavalier qui le font passer une fois et une seule sur chacune des cases de l'échiquier? Quel est le nombre de ces déplacements?* Ce problème a été étendu à l'espace à trois dimensions [201].

Les cases de l'échiquier forment ici un réseau à 168 chemins, et 64 sommets, dont 16, dans le *carré central*, sont de degré 8; 16 de degré 6; 20 de degré 4; 8 de degré 3 et 4 de degré 2. Il faut y tracer des *chaînes complètes*, ou même des *circuits complets* (5) si la case d'arrivée du cavalier coïncide avec celle de départ. Ces chaînes s'appellent ici des *marches du cavalier*, les circuits étant des *marches rentrantes*. Certains amateurs obtiennent de 10 à 12 solutions différentes à l'heure et l'un d'eux, en 1860 [215] en a obtenu de 48 à 50 à l'heure (81).

77. A chaque saut, le cavalier passe d'une case paire, ou blanche, à une case impaire, ou noire (67). On en déduit, comme l'a fait remarquer Euler [208, 209], que, *dans une marche rentrante, la somme des numéros dans chaque ligne ou colonne est paire*. Il en résulte qu'*il n'existe aucune marche du cavalier sur un échiquier de forme quelconque si la différence entre les nombres des cases blanches et celui des cases noires n'est pas* 1 *ou* 0 [215] et aussi qu'*il n'y a pas de marches rentrantes du cavalier sur un échiquier, carré ou non, dont le nombre des cases est impair.*

78. Pour noter une solution, Vandermonde [221] propose de désigner chaque case de l'échiquier, par une fraction $\frac{x}{y}$ à l'aide des deux coordonnées. On peut aussi désigner une case par xy. On peut enfin se borner à numéroter les cases dans l'ordre même où le cavalier y passe. Avec cette dernière notation la solution classique d'Euler [208, 209] s'écrit :

58	23	62	15	64	21	54	13
61	16	59	22	55	14	51	20
24	57	10	63	18	49	12	53
9	60	17	56	11	52	19	50
34	25	36	7	40	27	48	5
37	8	33	26	45	6	41	28
32	35	2	39	30	43	4	47
1	38	31	44	3	46	29	42

79. **Méthodes diverses.** — De Moivre [206] met en évidence le *carré central* de 16 cases et fait circuler le cavalier dans les 48 autres cases, en passant le moins possible dans le carré central, sauf à la fin.

Euler [208, 209] trace d'abord une chaîne au hasard, aussi longue qu'on le peut, et essaie ensuite de la rendre rentrante. On tâche enfin d'y adjoindre l'une après l'autre les cases inutilisées.

Bertrand [202] complète cette méthode en montrant qu'il est possible de déduire de nouvelles solutions d'une solution déjà obtenue.

80. Laquière [214] étudie les circuits que l'on peut tracer avec les chemins du réseau, ou *marches rentrantes partielles*. Il essaie ensuite de les relier deux à deux. Il cherche aussi, à obtenir des marches partielles symétriques. A ce sujet, Lucas [215] fait remarquer qu'une marche rentrante ne peut admettre un axe de symétrie vertical ou horizontal, ni confondu avec une diagonale, mais il peut admettre un centre de symétrie. On en conclut qu'en général une marche rentrante donne 16 autres marches. Si elle est rentrante, comme on peut y prendre l'origine de 64 façons différentes, on en déduit 1023 autres marches rentrantes.

81. Ces symétries ont engagé Euler [208, 209] et d'autres auteurs, comme Roget [218, 219], à chercher une solution du problème pour le *demi-échiquier*, limité à l'horizontale du centre. On double par symétrie et Euler a montré comment on pouvait raccorder ces deux marches.

Flye Sainte-Marie [210] a partagé à son tour chaque demi-échiquier en carrés de 16 cases et en a déduit 31 054 144 solutions.

C'est la limite inférieure la plus élevée que l'on connaisse pour le nombre total de solutions. Une limite supérieure immédiate, mais vraisemblablement très éloignée, est donnée par C_{168}^{63}, nombre qui a une centaine de chiffres.

82. **Méthodes modernes.** — Une solution ingénieuse du *problème d'Euler* fut donnée par Warnsdorff [222]. Il place chaque fois le cavalier sur la case d'où il commandera le plus petit nombre possible de cases non utilisées. Cette règle, qui donne des solutions dissymétriques et non rentrantes, n'a pu être justifiée, mais est toujours vérifiée en pratique et semble vraie pour tout échiquier rectangulaire. Warnsdorff pensait que si le cavalier a le choix entre deux, ou plus de deux cases, il peut prendre n'importe laquelle, mais on a relevé un ou deux cas où ce choix n'est pas indifférent.

83. Une autre méthode intéressante est celle de Roget [218, 219]. Ayant divisé l'échiquier en 4 carrés de 16 cases chacun, comme Laquière [214] et Flye Sainte-Marie [210], il groupe dans chaque carré les cases 4 par 4, 4 cases groupées ayant la même lettre, voyelle A, E, ou consonne B, C, comme dans le schéma (*fig.* 14).

Fig. 14.

B	E	A	C
A	C	B	E
E	B	C	A
C	A	E	B

Les autres *quartiers* de l'échiquier étant notés de façon analogue, on réunit les cases qui ont la même lettre. Si, par exemple, on désigne par les indices inférieurs 11, 12, 21, 22 les 4 quartiers et par des indices supérieurs 1, 2, 3, 4 les lignes occupées par A dans un de ces quartiers, on aura, pour les A, la marche rentrante

$$A^{3}_{11}\,A^{4}_{11}\,A^{2}_{11}\,A^{1}_{11}\,A^{1}_{12}\,A^{2}_{12}\,A^{3}_{12}\,A^{4}_{12}\,A^{1}_{22}\,A^{2}_{22}\,A^{3}_{22}\,A^{4}_{22}\,A^{3}_{21}\,A^{4}_{21}\,A^{2}_{21}\,A^{1}_{21}.$$

Avec ces circuits, l'auteur montre que l'on peut former une marche du cavalier qui, partant d'une case donnée, aboutisse à une autre case donnée, mais de parité différente.

Jaenisch [213] a donné une méthode analogue, au fond, à celle de Roget.

84. Partons maintenant, avec Moon [217], comme le faisait déjà de Moivre, du carré central de 16 cases et désignons par A, B, C, D les cases du carré central et par a, b, c, d celles du pourtour, ainsi que l'indique la figure (*fig.* 15).

Fig. 15.

a	*b*	*c*	*d*	*a*	*b*	*c*	*d*
c	*d*	*a*	*b*	*c*	*d*	*a*	*b*
b	*a*	A	B	C	D	*d*	*c*
d	*c*	C	D	A	B	*b*	*a*
a	*b*	B	A	D	C	*c*	*d*
c	*d*	D	C	B	A	*a*	*b*
b	*a*	*d*	*c*	*b*	*a*	*d*	*c*
d	*c*	*b*	*a*	*d*	*c*	*b*	*a*

En partant d'une case a, on peut suivre l'un ou l'autre des deux cycles $aDbCdAcB$ et $aDcBdAbC$. On obtient ainsi diverses chaînes que l'on peut réunir en une chaîne unique, qui, en général, ne sera pas rentrante. Moon montre que l'on peut, à l'aide de ce qui précède, arriver à obtenir une chaîne utilisant des cases initiale et finale données.

D'autres auteurs, comme Collinis [205] ont également employé, mais de façon différente, le carré central de 16 cases et la bordure de 48 cases qui l'entoure. D'autres découpages, comme celui de Frost [211], ont été aussi proposés.

85. Carrés magiques du cavalier. — Nous terminerons ce qui concerne la marche du cavalier en indiquant que divers auteurs, en particulier Beverley [203] et Wenzelides [223], ont cherché et obtenu diverses solutions du *problème d'Euler* dans lesquelles en numérotant les cases dans l'ordre même où elles sont parcourues par le cavalier (78), on obtient un carré magique. La somme dans chaque ligne ou colonne, mais non en diagonale, étant constante et égale à 260.

Certaines de ces solutions donnent des marches rentrantes, comme en particulier la suivante que nous donnons à titre d'exemple :

47	10	23	64	49	2	59	6
22	63	48	9	60	5	50	3
11	46	61	24	1	52	7	58
62	21	12	15	8	57	4	51
19	36	25	40	13	44	53	30
26	39	20	33	56	29	14	43
35	18	37	28	41	16	31	54
38	27	34	17	32	55	42	15

INDEX BIBLIOGRAPHIQUE.

[La bibliographie qui suit ne contient pas les ouvrages qui n'ont qu'un intérêt historique. D'autre part, certaines questions (problème des reines, marche du cavalier, etc.) comportent une bibliographie plus étendue que celle que nous donnons. On pourra se reporter aux Traités classiques de Lucas, Rouse-Ball et surtout Ahrens.]

ABRÉVIATIONS.

A. F........... Association française pour l'avancement des Sciences.
A. Gr........... Archiv der Mathematik und Physik Leipzig.
A. J. M....... American Journal of Mathematics.
A. M........... Acta mathematica.
Am. A. W...... Amsterdam Archiv Wiskundige.
An. M......... Annals of Mathematics Princeton.
A. P. C........ Commentarii de Saint-Pétersbourg.
As. N.......... Astronomische Nachrichten.
A. T........... Annales Faculté des Sciences Toulouse.
B. D........... Bulletin des Sciences mathématiques.
Be. D. G....... Berichte der Deutschen Gesellschaft.
Be. S. G....... Berichte der K. Sächs Gesellschaft.

B. S. Ch.......	Bulletin de la Société chimique.
C. M. J........	Cambridge Mathematical Journal.
C. R...........	Comptes rendus Académie des Sciences.
Cr.............	Journal de Crelle.
D. Sch.........	Deutsche Schachzeitung.
Ec.............	Encyclopédie des Sciences mathématiques.
Ek.............	Encyklopädie der mathematischen Wissenschaften.
E. M...........	Enseignement mathématique.
E. T. R........	Educational Times reprints.
G. St..........	Göttinger Studien.
I. C. A. I......	Ingegneria Civile e Arte Industriali.
I. M...........	Intermédiaire des Mathématiciens.
J. E. P........	Journal de l'École Polytechnique.
M.............	Mathesis.
M. A...........	Mathematische Annalen.
M. Ac. B.......	Monatsberichte-Académie de Berlin.
M. Ac. S. B....	Mémoires Académie des Sciences de Berlin.
M. H...........	Monatshefte Vienne.
M. S. B........	Procès-verbaux Société des Sciences Bordeaux.
N. A...........	Nouvelles Annales de Mathématiques.
N. C...........	Nouvelle Correspondance de Mathématiques.
P. An..........	Poggendorf Annalen.
P. L. M. S.....	Proceedings London mathematical Society.
P. M...........	Philosophical Magazine.
Q. J...........	Quarterly Journal of Mathematics.
R. B. A........	Reports British Association.
R. C. M. P.....	Rendiconti Circolo Matematico Palermo.
Sch...........	Schachzeitung.
S. Œ..........	Sphinx-Œdipe.
S. M...........	Bulletin Société mathématique de France.
S. S. Er.......	Sitzungsberichte der Societät zu Erlangen.
T. Ch..........	Tablettes du Chercheur.
Tr. Ed.........	Transactions Edinburg.
V. W. V........	Verhandelingen Wetenschappen te Vlissingen;
Ws............	Wochenschrift.

---

1. **A**.......... AHRENS (W.). — Mathematische Unterhaltungen und Spiele I et II (Leipzig, 1910-1918).

2. **L**.......... LUCAS (E.). — Récréations mathématiques, I, II, III, IV (Paris, 1882-1891).

3. **R. B.**....... ROUSE-BALL (W.). — Récréations mathématiques (traduction FITZ-PATRICK), I, II, III (Paris, 1907-1909).

4. **S. L.**........ SAINTE-LAGUË (A.). — Les réseaux (Paris ou Toulouse, 1924).

5. **S. L. M.**..... SAINTE-LAGUË (A.). — Manuscrits inédits.

OUVRAGES GÉNÉRAUX.

1, 2, 3, 4, 5 et :

6. AHRENS (W.). — Mathematische Spiele (*Ek.*, I, 2e Partie, Cahier 8, 1902, p. 1080-1093.
7. ROUSE-BALL (W.). — Mathematical Recreations et Problems, I, II (London, 1893, traduction R. B.).
8. LUCAS (E.). — L'Arithmétique amusante (Paris, 1895).
9. LUCAS (E.). — Théorie des nombres (Paris, 1891).
10. SAINTE-LAGUË (A.). — *A. T.*, XV, 1923, publié en 1924.
11. SAINTE-LAGUË (A.). — *B. D.*, Comptes rendus, 1924.
12. SAINTE-LAGUË (A.). — *C. R.*, 30 avril 1923.

I. — INTRODUCTION ET DÉFINITIONS.

13. ANTOINE. — Sur l'homéomorphie de deux figures et de leurs voisinages (Thèse, Paris, 1921).
14. ARNOUX. — Arithmétique graphique (Paris, 1906).
15. ARNOUX et LAISANT. — Arithmétique graphique (*A. F.*, 1900).
16. CAYLEY. — *A. J. M.*, 1878, p. 174-176.
17 CAYLEY. — On the analytical forms called trees with applications to the theory of chemical Combinations (*R. B. A.*, 45, 1875, p. 257-305).
18. CLIFFORD. — Cité par SYLVESTER [38] et GORDAN [27].
19. CREMONA (L.). — Les figures réciproques en statique graphique (Paris, traduction française, 1885).
20. DEHN (M.) et HEEGARD (P.). — *Analysis situs* (*Ek.*, III, 1re Partie, Cahier 1, 1907, p. 153-220).
21. DELANNOY. — Les arbres (*B. S. Ch.*, XI, 3e série, 1894, p. 239-248).
22. DE POLIGNAC (C.). — Remarques sur les notations d'éléments.... (*A. E.*, 1884, p. 37-42).
23. DE POLIGNAC (C.). — Théorie des ramifications (*S. M.*, 1879-1880, p. 120; 1880-1881, p. 30).
24. ERRERA (A.). — Du coloriage des cartes et de quelques questions d'*analysis situs* (Thèse, Paris, 1921).
25. EULER. — Solutio Problematis ad Geometriam situs pertinentes (*M. Ac. S. B.*, 1759).
26. FAA DA BRUNO. — Cité par SYLVESTER [38].
27. GORDAN (P.) et ALEXEJEFF (W.). — Ubereinstimmung der Formeln der Chemie und der Invariantentheorie (*S. S. Er.*, 1900, p. 1-38).
28. HADAMARD (J.). — Représentation symbolique du résultant de deux équations (*M. S. B.*, 1894-1895, p. 24).
29. HERMITE. — Cité par SYLVESTER [38].
30. LISTING. — Census räuml. Kompl. (Göttingen, 1862)
31. L., IV, p. 51-55; p. 240.
32. LUCAS [9], p. 102-120.

33. MAUGUIN (Ch.). — La structure des cristaux (Paris, 1924).
34. PETERSEN (J.). — Die Theorie der regulären Graphs (*A. M.*, XV, 1891, p. 193-220).
35. POLYA (G.). — *A. Gr.*, III, Reihe XXIV, 4. Heft, 1916, p. 369-375.
36. S. L. p. 3-6.
37. S. L. M. — Les permutations.
38. SYLVESTER. — *A. J. M.*, 1878, p. 64-128; 238-240.

II. — ARBRES.

17, 20, 21, 23, 24, 34 et :

39. CAYLEY. — *Be. D. G.*, VIII, 1875, p. 1056.
40. CAYLEY. — Cité par DEHN et HEEGARD [20], p. 174-175.
41. CHUARD (J.). — Questions d'*analysis situs* (Thèse, *R. C. M. P.*, 1922, p. 185-224.
42. DELANNOY. — Les arbres (*I. M.*, 1894, p. 73).
43. FRIEDEL. — *I. M.*, 1894, p. 6.
44. JORDAN. — *Cr.*, LXX, 1869, p. 185-186.
45. MAC-MAHON (P.-A.). — *P. M.*, XL, 1895, p. 153.
46. SYLVESTER. — Cité par DE POLIGNAC [23].
47. TÉBAY (SEPTIMUS). — *E. T. R.*, XXX, 1878, p. 81.
48. TÉBAY (SEPTIMUS). — Cité par L., I, p. 51.

III. — CHAINES ET CIRCUITS.

20, 25 et :

49. AUBRY (A.). — Note sur les permutations (*E. M.*, 1918, p. 199-215).
50. BOUTIN. — Disposition de dominos (*I. M.*, 1902, p. 291).
51. BRUNEL. — Recherches sur les réseaux (*M. S. B.*, 1895, p. 165-215.
52. CLAUSEN. — *As. N.*, n° 494.
53. DE LA CAMPA (S.). — Géométrie anamétrique (*I. M.*, 1899, p. 29).
54. DELANNOY. — Cité par L., IV, p. 140.
55. ERRERA (A.). — Un théorème sur les liaisons (*C. R.*, 3 septembre 1923).
56. FITTING-GLADBASH. — Communications joignant *n* points (*I. M.*, 1898, p. 243; 1908.
57. FLEURY. — Cité par L., IV, p. 134.
58. FLYE SAINTE-MARIE. — Points reliés (*I. M.*, 1917, p. 120).
59. HATZIDAKIS. — Problème de communications (*I. M.*, 1901, p. 111-115).
60. HIERHOLZER (C.). — *M. A.*, VI, 1873, p. 30.
61. JOLIVALD (Abbé). — Cité par LUCAS [9], p. 108.
62. LAISANT. — Cité par L., IV, p. 126.
63. LEMOINE. — Figures tracées d'un seul trait (*A. E.*, 1881, p. 175-180).
64. LEMOINE. — Problème de communications (*I. M.*, 1899, p. 51).
65. LEMOINE. — Routes ne se recoupant pas (*I. M.*, 1901, p.6)

66. LIMINON. — Entrelacements (*I. M.*, 1911, p. 132).
67. LISTING (J.). — Vorstudien zu Topologie (*G. St.*, 1848).
68. L. — I, p. 36, 37, 51, 96, 102; IV, p. 133-151.
69. LUCAS [9], p. 51, 107-109.
70. MAURICE. — Cité par LUCAS [9], p. 51.
71. MÉTROD. — Réseaux à trois carrefours (*I. M.*, 1917, p. 104).
72. NETTO. — Cité par AUBRY [49], p. 207.
73. REISS. — Cité par L., IV, p. 108.
74. S. L. — p. 17-37.
75. SEBBAU. — Points reliés (*I. M.*, 1916, p. 220).
76. STEINERT (O.). — *A. Gr.*, XIII, 1895, p. 220.
77. STEINITZ (E.). — *M. H.*, VIII, 1897, p. 293.
78. TARRY (G.). — Parcours d'un labyrinthe rentrant (*A. F.*, 1886, p. 49-53).
79. TARRY (G.). — Le problème des labyrinthes (*N. A.*, XIV, 1895).
80. TARRY (G.). — Cité par L., IV, p. 241.
81. THUE (A.). — Tidskr. fur Math., III, 1885, p. 102.
82. TRÉMEAUX. — Cité par LUCAS [9], p. 103.
83. WELSCH. — Problème de dominos (*I. M.*, 1910, p. 273-277).

IV. — RÉSEAUX RÉGULIERS.

34 et :

84. BRUNEL. — Les réseaux (*M. S. B.*, 1894-1895, p. 3).
85. BRUNEL. — Configurations régulières (*M. S. B.*, juin 1898).
86. CUMMINGHAN (ALLAN). — *R. B. A.*, 83, 1913, p. 398.
87. FAUQUEMBERGUE. — *I. M.*, 1914, p. 33.
88. HILBERT. — Cité par PETERSEN [34].
89. MEISNER (W.). — Cité par CUMMINGHAN [86] et FAUQUEMBERGUE [87].
90. S. L. — p. 7-37.
91. WIERNSBERGER. — Recherches sur les polygones réguliers (Thèse, Lyon, 1904).

V. — RÉSEAUX CUBIQUES.

34, 44 et :

92. AHRENS (W.). — *M. A.*, XLI, 1897, p. 315.
93. BRAHANA (A.). — A Proof of Petersen's Theorem (*An. M.*, 1917, p. 59-63).
94. CHUARD (J.). — Propriétés des réseaux cubiques tracés sur une sphère (*C. R.*, 8 janvier 1923).
95. ERRERA (A.). — Une démonstration du théorème de Petersen (*M.*, XXXVI, 1922, p. 56-61).
96. KIRCHHOFF (G.). — *P. An.*, LXXII, 1847, p. 498.
97. PETERSEN (J.). — Note sur les graphes (*I. M.*, 1898, p. 225).
98. S. L. — p. 43-49.
99. SAINTE-LAGUË — Les réseaux unicursaux et bicursaux (*C. R.*, 15 mars 1926).
100. TAIT (P.-G.). — *Tr. Ed.*, XXIX, 1880, p. 657.

VI. — TABLEAUX.

22, 28, 41, 51 et :

101. ALEXANDER (J.-W.). — *Voir* VEBLEN [126].

102. CHUARD (J.). — *Voir* DUMAS [103].

103. DUMAS (G.) et CHUARD (J.). — Sur les homologies de Poincaré (*C. R.*, 1920, p. 1113).

104. GAND (Ed.). — Archives industrielles (Cours de tissage, I, Paris, 1886).

105. HALPHEN. — Intégrales définies et discontinuités. Cité par PERRIN [115].

106. KÖNIG (DÉNÈS). — Ueber Graphen und ihre Anwendung aus Determinantentheorie und Mengenlehre (*M. A.*, LXXVII, 1916, p. 453-465).

107. LAISANT. — Discours d'ouverture (*A. F.*, 1879).

108. LAISANT. — Régions du plan et de l'espace (*A. F.*, 1881, p. 71-76).

109. LAISANT. — Régions et aspects (*S. M.*, X, 1881-1882, p. 52).

110. LUCAS [9]. — p. 109-114.

111. LUCAS (E.). — Géometrie du tissage (*A. F.*, 1878).

112. LUCAS (E.). — Application de l'arithmétique aux satins réguliers. Cité par LAISANT [107].

113. LUCAS (E.). — Principii fondamentali della geometria dei tessuti (*I. C. A. I.*, 1880, VI, fasc. 7 et 8). Traduit de l'italien et arrangé par A. AUBRY et A. GERARDIN (*S. Œ.*, 1912).

114. MERLIN (E.). — Configurations (*Ec.*, III, vol. 2, fasc. 1, p. 148).

115. PERRIN. — Problème des aspects (*S. M.*, X, 1881-1882, p. 103).

116. PERRIN. — Aspects et configurations (*I. M.*, 1894, question 27).

117. POINCARÉ. — *Analysis situs* (*J. E. P.*, 2e série, Cahier 1, 1895, p. 1-123).

118. POINCARÉ. — Complément à l'*Analysis situs* (*R. C. M. P.*, XIII, 1899, p. 285-342).

119. POINCARÉ. — 2e Complément (*P. L. M. S.*, XXXII, 1900, p. 277-308).

120. POINCARÉ. — 5e Complément (*R. C. M. P.*, XVII, 1904, p. 45-110).

121. **R. B.** — Les satins, III, p. 315.

122. **S. L.** — p. 50-61.

123. **S. L. M.** — Configurations et tissus.

124. STEINITZ (E.). — Konfiguration der Projektiven Geometrie (*Ek.*, III, A. B., 5 *a*, 1910, p. 481-516).

125. VEBLEN (O.). — An Application of modular équations in *analysis situs* (*An. M.*, XIV, 1912-1913, p. 86-94).

126. VEBLEN (O.) et ALEXANDER (J.-W.). — Manifolds of *n* dimensions (*An. M.*, XIV, 1912-1913, p. 163-178).

VII. — RÉSEAUX CERCLÉS.

37, 49, 53, 66, 72 et :

127. AUBRY (A.). — Note sur les permutations (*E. M.*, 1917, p. 281-294).

128. AUBRY (A.). — *S. Œ.*, juin 1913.

129. BIOCHE (CH.). — Circuits avec les dominos (*I. M.*, question 68, 1894)

130. BIOCHE (CH.). — Permutations polyédriques (*S. M.*, XXXIII, 1905, p. 88).

131. Boris. — Lecture de permutations avec grille (*I. M.*, 1904, p. 39).
132. Bourguet. — Permutations de *n* objets (*N. A.*, 1883).
133. Brocard. — Courbe formée par un fil (*I. M.*, 1900, p. 280).
134. Cauchy. — Cité par Aubry [127], p. 289 et par Lucas [9], p. 79.
135. Euler (L.). — Recherches sur une nouvelle espèce de quarrés magiques (*V. W. V.*, IX, 1872, p. 85-239).
136. Flye Sainte-Marie. — Circuit avec des dominos (*I. M.*, 1894, p. 264).
137. Jacobi. — Cité par Aubry [127], p. 285.
138. Jolivald. — *I. M.*, 1904, p. 159.
139. Kronecker. — *M. Ac. B.*, mars et août 1869; février 1873; février 1878
140. Laisant. — Problème de permutations (*S. M.*, XX, 1890-1891, p. 105).
141. Laisant. — *C. R.*, 11 mai 1891.
142. Lucas. — [9], p. 65-69, 120.
143. Métrod. — Nombres consécutifs dans permutations (*I. M.*, 1917, p. 27).
144. Métrod. — Inversion de permutations (*I. M.*, 1917, p. 78).
145. Métrod. — Permutations et suite de nombres (*I. M.*, 1917, p. 78).
146. Netto (E.) et Vogt (H.). — Analyse combinatoire (*Ec.*, vol. 1, fasc. 1, p. 64-78).
147. Rodrigues (O.). — Cité par Aubry [127], p. 286.
148. S. L. — p. 8-9, 39-40, 47-49, 89.
149. S. L. M. — Réseaux de degré 4.
150. S. L. M. — Permutations.
151. S. L. M. — Problème de timbres-poste.
152. S. L. M. — Points doubles des courbes.
153. Weber (H.). — Traité d'algèbre supérieure traduit par Griess (J.) (Paris, 1898, p. 339-346).

VIII. — Échiquiers
107, 111, 112 et :

154. A. — Les cinq reines, I, p. 285-318.
155. A. — Le cavalier, I, p. 311-312; II, p. 354-360.
156. A. — I, p. 210-284, 227; II, p. 290, 344.
157. Ahrens (W.). — Erreur dans la liste des huit reines (*I. M.*, 1901, p. 88).
158. André (Désiré). — Application des arrangements complets au problème du cavalier (*S. M.*, 1876-1877).
159. André (Désiré). — Arrangements complets (*S. M.*, 1878-1879).
160. Arnous de Rivière. — Parcours en une seule fois (*I. M.*, 1904, p. 166).
161. Aubry (A.). — Dé cubique qui roule (*I. M.*, 1903).
162. Berdellé. — Trajet de (o, o, o) à (n, n, n) (*I. M.*, 1899, p. 227).
163. Boutin (A.). — Pions non en prise (*I. M.*, 1901, p. 82).
164. Boutin (A.). — Marche de la tour (*I. M.*, 1901, p. 153).
165. Boutin (A.). — Dé cubique qui roule (*I. M.*, 1902).
166. Boutin (A.). — Routes par les points d'un quadrillage (*I. M.*, 1903, p. 181).
167. Brad. — Les huit reines (*I. M.*, 1900, p. 330).
168. Brocard. — Les huit reines (*I. M.*, 1900, p. 330).

169. Brocard. — Dé cubique qui roule (*I. M.*, 1902).
170. Catalan. — *N. C.*, VI, p. 141.
171. Delannoy. — Emploi de l'échiquier pour la solution des problèmes arithmétiques (*A. F.*, 1886).
172. Delaunoy. — Carrés magiques et cavalier (*I. M.*, 1901, p. 129).
173. De Polignac. — Cité par Laisant [107].
174. De Rocquigny. — Trajet de (o, o, o) à (n, n, n) (*I. M.*, 1899, p. 227).
175. Flye Sainte-Marie. — Route passant par les points d'un quadrillage (*I. M.*, 1904, p. 86).
176. Gunther. — Les huit reines (*I. M.*, 1900, p. 330).
177. Kopferman. — Problème des reines (*I. M.*, 1904, p. 162).
178. Laisant. — Développement de certains produits algébriques (*A. F.*, 1881).
179. Laisant. — Géométrie des quinconces (*A. F.*, 1887, p. 219-235).
180. Landau (E.). — Ueber das Achtdamen problem (*Natur Wochenschrift*, XI, august 1896).
181. Landau. — Les huit reines (*I. M.*, 1900, p. 330).
182. Laguière. — Cité par Laisant [107].
183. Laguière. — Géométrie de l'échiquier (Paris, 1880).
184. **L.** — I, p. 59-86.
185. **L.** — Échiquier anallagmatique, II, p. 113-119; IV, p. 233-239.
186. Lucas. — [9], p. 96-102, 211-223.
187. Lucas. — Carrés anallagmatiques (*A. F.*, 1877).
188. Lucas. — Reine non en prise (*I. M.*, 1894, p. 67).
189. Mantel. — Sur les combinaisons d'éléments dispersés dans un plan (*A. F.*, 1883, p. 171-175).
190. Neuberg. — *M.*, I, p. 25.
191. Pauls (E.). — *D. Sch.*, XXIX, 1874, p. 261-263.
192. Perott. — Fous non en prise (*S. M.*, XI, 1882-1883, p. 173-186).
193. Pitrat. — Les huit reines (*I. M.*, 1900, p. 330).
194. **R. B.** — Les huit reines, II, p. 116-124.
195. **R. B.** — Échiquier anallagmatique, II, p. 39-42.
196. **S. L. M.** — Amazones et grandes reines.
197. Sylvester. — *E. T. R.*, X, 1868, p. 74, 76, 112; XLV, p. 127; LV, p. 97-99.
198. Tarry (H.). — *A. F.*, 1890.
199. Tarry (H.). — *I. M.*, 1895, p. 205.

IX. — Marche du cavalier.

8, 172 et :

200. **A.** — I, p. 319-398.
201. **A.** — Le cavalier dans l'espace, I, p. 384-386.
202. Bertrand. — Cité par Euler [208].
203. Beverley (W.). — On the magic square of the knights march (*P. M.*, XXXIII, 1848, p. 101-105).
204. Boutin (A.). — Chaîne du cavalier (*I. M.*, 1903).
205. Collinis. — Solution du problème du cavalier au jeu des échecs (Mannheim, 1773).

206. De Moivre. — Cité par R. B., II, p. 220.
207. De Polignac. — Marche du cavalier (*S. M.*, IX, 1880-1881).
208. Euler. — *M. Ac. S. B.*, 1766, p. 310-377.
209. Euler. — Commentationes Arithmeticæ collectæ Saint-Pétersbourg, I, p. 337-355).
210. Flye Sainte-Marie. — Note sur un problème relatif à la marche du cavalier sur l'échiquier (*S. M.*, V, 1876-1877, p. 144-150).
211. Frost. — On the knight's path (*Q. J.*, XIV, 1877, p. 123-125).
212. Gunther. — Cité par Mansion [216].
213. Jaenisch. — Traité des applications de l'analyse mathématique au jeu des échecs, II, 1862.
214. Laquière. — *S. M.*, VIII, 1880, p. 82-102, 132-158.
215. L. — IV, p. 205-223.
216. Mansion. — Carrés magiques (*N. C.*, 1876).
217. Moon. — On the knight's move of chess (*C. M. J.*, III, 1843, p. 233-236)
218. Roget (Dr). — *P. M.*, III, vol. XVI, avril 1840, p. 305-309.
219. Roget (Dr). — *Q. J.*, XIV, 1877, p. 354-359.
220. R. B. — II, p. 219-233.
221. Vandermonde. — (Remarque sur les problèmes de situation.) L'histoire de l'Académie des Sciences pour 1771 (Paris, 1774), p. 556-574.
222. Warnsdorff. — Des Rösselsprunges einfachste und allgemeinste Lösung (Schmalkalden, 1823).
223. Wenzelides. — Bemerkungen über den Rösselsprung nebst 72 Diagrammen (*Sch.*, IV, 1849, p. 44).

TABLE DES MATIÈRES

I. — Introduction et définition.

II. — Arbres.

III. — Chaînes et circuits.

IV. — Réseaux réguliers.

V. — Réseaux cubiques.

VI. — Tableaux.

VII. — Réseaux cerclés.

VIII. — Échiquier.

IX. — Marche du cavalier.

77153. — Paris, Imprimerie Gauthier-Villars et Cie, 55, quai des Grands-Augustins.

77163-26 Paris. — Imprimerie Gauthier-Villars et Cie, 55, quai des Grands-Augustins.

www.ingramcontent.com/pod-product-compliance
Lightning Source LLC
LaVergne TN
LVHW020038170826
845678LV00001B/312
* 9 7 8 2 3 2 9 6 9 0 2 0 9 *